INSTRUCTIONS

POUR LES

SEMIS DE FLEURS

DE PLEINE TERRE

AVEC L'INDICATION

DE LEUR DIMENSION, COULEUR, ÉPOQUE DE FLORAISON, CULTURE, ETC.

SUIVIES DE

CLASSEMENTS DIVERS SUIVANT LEUR EMPLOI

DE QUELQUES SYNONYMES ANGLAIS

ET D'UNE

NOTICE

SUR LA FORMATION ET L'ENTRETIEN DES GAZONS

PAR

VILMORIN-ANDRIEUX et Cie

Prix : 1 fr. 50 c. cartonné sur toile.

PARIS

CHEZ VILMORIN-ANDRIEUX & Cie

MARCHANDS-GRAINIERS

4, quai de la Mégisserie,

Et chez les principaux Marchands de Graines et Libraires

5me ÉDITION

OBSERVATIONS

SUR LA CINQUIÈME ÉDITION.

Nous avons continué, dans cette édition des INSTRUCTIONS POUR LES SEMIS DE FLEURS, la marche que nous avions suivie jusqu'à présent, en y introduisant les plantes intéressantes nouvelles et en supprimant celles qu'on ne trouve plus à se procurer ou qui offrent moins d'intérêt. Par cette sorte d'épuration, nous avons pu, sans augmenter beaucoup une liste déjà très-étendue, comprendre dans cet ouvrage à peu près toutes les plantes remarquables ou méritantes *qui se multiplient par le semis.*

L'expérience acquise dans certaines cultures nous a amenés à modifier quelques-uns des procédés de semis indiqués dans les éditions précédentes et à en ajouter de nouveaux. La culture des plantes aquatiques et aussi l'introduction des plantes de serre dans la décoration des jardins en été, se généralisant de plus en plus, nous avons cru devoir mentionner les modes de semis à employer pour celles de ces espèces qu'il est facile de multiplier ainsi et qui atteignent dans l'année même un développement suffisant pour permettre de les utiliser comme plantes annuelles. Enfin, et ce n'est pas là la moindre modification apportée dans cette cinquième édition de nos « INSTRUCTIONS POUR LES SEMIS DE FLEURS, » nous avons abandonné l'ancien format pour l'in-octavo, qui est plus gracieux et plus usité.

INTRODUCTION.

Ce petit ouvrage est destiné à suppléer aux indications que nous donnons habituellement de vive voix sur les plantes annuelles, bisannuelles, vivaces ou bulbeuses, qui peuvent être cultivées en pleine terre sous le climat de Paris et du centre de la France, *et que l'on peut ordinairement multiplier par le semis.* Pour lui conserver la forme commode à consulter d'un catalogue, nous avons été obligés de nous servir de signes abréviatifs, dont on aura l'intelligence par le tableau qui se trouve plus loin. Ces indications se trouvent d'ailleurs complétées, d'abord par les instructions que nous faisons imprimer sur les étiquettes de nos paquets de graines de fleurs, mais surtout dans notre ouvrage « LES FLEURS DE PLEINE TERRE », auquel on devra recourir, et qui contient sur la culture et l'emploi des plantes rustiques d'ornement tous les développements désirables.

Une des grandes ressources pour la décoration des jardins, qui n'est peut-être pas assez généralement mise à profit pour les plantes annuelles, est la faculté qu'elles ont de pouvoir être semées à différentes époques. Par des semis successifs et convenablement entendus, pour un assez grand nombre d'entre elles, on hâte ou l'on retarde presque à volonté les époques de leur floraison. Ainsi nous signalerons les semis de Septembre, qui ne sont pas assez généralement pratiqués, et qui peuvent procurer aisément des fleurs pour les mois d'Avril ou de Mai, époque à laquelle elles sont encore peu abondantes. Il y a aussi des plantes placées ordinairement dans le jardin potager qui, par l'élégance de leur port et de leurs feuilles, peuvent contribuer à l'ornement des jardins paysagers ou pittoresques ; nous avons signalé les principales.

Nous avons appliqué, par extension, le titre d'annuelles à des plantes qui sont réellement ou bisannuelles ou vivaces en serre, mais qui peuvent, à l'aide d'une culture simple, acquérir, les unes, tout leur développement dans la révolution d'une année, comme les *Lophospermum,* les *Thunbergia,* les *Cobœa,* etc.; les autres, arriver à prendre, dans le courant de l'année même, des dimensions assez grandes, qui permettent de les utiliser avec avantage, tels sont certains *Solanum, Canna, Nicotiana,* etc.

Nous avons tracé, dans un exposé succinct que nous nous sommes efforcés de rendre clair, les méthodes de semis et d'hivernage les plus simples et les plus pratiques. Nous ne nous sommes pas étendus au delà, les plantes dont nous nous occupons ne demandant point de soins exceptionnels après qu'elles ont été plantées à demeure. Sur la liste alphabétique, où figurent toutes les plantes comprises dans ce petit traité, se trouvent, dans la quatrième colonne, des signes de renvoi qui se rapportent aux différentes méthodes de semis ou d'hivernage qui conviennent aux diverses espèces. Presque toujours, plusieurs méthodes sont applicables à la même plante, ce qu'indique la multiplicité des signes de renvoi de cette quatrième colonne. La disposition de ces signes et des autres en tableau nous a paru propre à aider les amateurs dans le choix des plantes qui concorderont avec les moyens de culture qui seront à leur disposition ou à leur convenance. L'emploi de ces signes ne présente pas de difficulté ; ainsi, pour prendre divers exemples :

La Balsamine.

2b. Signifie : semez en Avril sur couche pour repiquer en place,

ou

3bc. — semez en pépinière en planche en Avril (b) ou en Mai (c).

8. — vous pouvez planter dans la pépinière d'attente.

Le Pied d'Alouette.

5ae. Signifie : semez en Septembre (a) ou Octobre (e) en place,

ou

4abg. — semez en Mars (a) ou en Avril (b) en place. Si le temps est doux, la terre légère et saine, on peut semer en place dès Février (g).

L'Œillet de Chine.

5abcd. Signifie : semez en Septembre en place (a) ou en pépinière (b) pour mettre en place en Avril, ou semez en Septembre en pépinière, pour repiquer (c) près d'un abri et couvrir par les gelées de — 3° et — 4°, ou semez en septembre en pépinière pour repiquer et hiverner en pépinière en pots ou terrines sous châssis (d),

ou

2b. — semez en Avril sur couche,

ou

3bc. — semez en pépinière en Avril (b) ou Mai (c),

ou

4bc. — semez en place en Avril (b) ou Mai (c),

ou

8. — la plante supporte d'être plantée dans la pépinière d'attente.

On a le choix entre toutes ces cultures.

Pentstemon gentianoides.

6abefj. Signifie : semez en pépinière en planche en Juin (a) ou en Juillet (b); ou bien en Mai en pot ou en terrine (e); ou semez en Août en pépinière en planche (f), et replantez en pot pour hiverner sous châssis ou en serre (j),

ou

1b. — semez sur couche au commencement de Mars, repiquez sur couche,

ou

2ab. — semez sur couche fin de Mars, repiquez sur couche (a) ou semez sur couche dans le courant d'avril (b), et plantez à demeure dès que les plants seront suffisamment forts,

ou

11. — élevez et conservez des pieds en pots et les rentrez sous châssis ou en serre, pour avoir des pieds plus forts l'année suivante.

Etc., etc.

Les autres colonnes sont destinées à indiquer par des signes, dont nous donnons plus loin la clef, savoir :

La première colonne, la couleur des fleurs, ou, à défaut de fleurs, ce qui, dans la plante, en fait le mérite ornemental ;

La seconde, la hauteur des plantes ;

La troisième, la durée des plantes ;

La cinquième, les époques de floraison pour lesquelles l'ordre de ces indications suit l'ordre des semis et les méthodes de culture.

Nous avons, dans plusieurs listes, classé les plantes selon leur emploi (*Voy.* la table des matières), ce qui facilitera beaucoup les choix que l'on aura à faire, suivant les diverses circonstances qui pourront se présenter.

Le nom générique de chaque plante est accompagné de l'indication de la famille à laquelle elle appartient : nous avons suivi pour ce travail la classification établie par M. A. Brongniart dans l'École de Botanique du Muséum d'Histoire naturelle.

Indépendamment des plantes de montagnes (dites Alpines), nous avons signalé un assez grand nombre d'espèces qui appartiennent à la flore des environs de Paris ; quelques-unes sont déjà anciennement et fréquemment cultivées dans les jardins, comme la *Digitale*, le *Géranium sanguin*, etc. Nous y avons ajouté quelques espèces vraiment remarquables, surtout parmi celles qui ont une utilité spéciale, soit qu'elles croissent à l'ombre sous les grands arbres, soit qu'elles puissent servir à orner les eaux ou à garnir les rocailles. Ce n'est là, bien entendu, qu'une indication ; car il serait facile de multiplier dans nos jardins les introductions de ce genre, qui peuvent trouver des applications agréables ou utiles.

Les progrès rapides que fait l'horticulture, les investigations des botanistes, continueront sans doute à nous enrichir de quelques plantes nouvelles, dont les amateurs trouveront la liste dans le SUPPLÉMENT A NOS CATALOGUES, que nous publions chaque année à la fin de l'hiver.

Les pelouses étant devenues, à juste titre, presque inséparables d'un jardin d'agrément, nous croyons devoir placer à la suite de notre travail une instruction sur la manière de semer et d'entretenir les gazons.

Ce petit ouvrage ayant trait seulement aux plantes qui donnent habituellement des graines, et que l'on est conséquemment dans l'usage de propager par le semis, il ne pouvait y être question de celles qui ne produisent que rarement ou même pas de graines, non plus que des variétés horticoles qui ne se perpétuent pas ou ne se multiplient pas par le semis. Pour ces espèces et variétés, comme aussi pour tous les autres détails et renseignements relatifs à la culture et à l'emploi des plantes d'ornement de plein air, nous renvoyons à notre ouvrage « LES FLEURS DE PLEINE TERRE » (1), qui est le développement et le complément de ces instructions, lesquelles ne pouvaient être que des indications générales et très-sommaires.

---

(1) Dans cet ouvrage « LES FLEURS DE PLEINE TERRE, » nous avons essayé de réunir les renseignements variés qui nous sont demandés si fréquemment par nos clients sur la culture et l'emploi des plantes d'ornement de pleine terre ; nous y avons introduit, autant que possible, tous les développements qu'il est nécessaire de connaître pour la culture de ces plantes, aussi bien de celles qui donnent des graines et se multiplient de semis, que de celles qui, n'en donnant pas ou ne se reproduisant pas de cette façon, sont multipliées par d'autres procédés. Nous nous sommes étendus en outre, dans cet ouvrage, sur tous les points essentiels qui pourraient intéresser les personnes s'occupant de la culture des plantes d'ornement de plein air et de la décoration des jardins.

SEMIS DES GRAINES DE FLEURS

DE

PLEINE TERRE

I. DES PLANTES ANNUELLES

Les plantes annuelles peuvent être semées, selon les espèces et suivant que l'on veut en avancer ou en retarder la floraison, de trois manières principales : 1° en pépinière sur couche (soit à même la terre de la couche, soit en pots ou en terrines sur couche) ; 2° en pépinière en pleine terre à l'air libre (ou, si on le préfère, en pots, terrines ou caisses) (1), et 3° en place.

1. Semis sur couche.

On élève, dès les premiers jours de Mars, à une exposition chaude, une couche pourvue de réchauds que l'on recouvre de coffres avec leurs châssis ou panneaux vitrés, et au fond des coffres on met de 15 à 20 centimètres de terreau ou de terre légère (fig. 1). Lorsque la couche a jeté son premier feu et qu'un thermomètre enfoncé dans le terreau ne marque plus que 25° à 30° centigrades, on tasse la terre de manière qu'elle ne soit pas creuse, pour qu'elle ne cède pas sous l'eau des arrosements qui déplacerait les graines fines; on l'arrose si elle est sèche, et l'on procède au semis. Outre la recommandation que nous venons de faire sur l'état de la terre au moment du semis, nous ne saurions trop insister sur celle de *n'enterrer les graines que proportionnellement à leur volume.* Les graines fines ne doivent être que très-peu recouvertes, soit de terre légère sableuse (celle de bruyère, par exemple), soit de terreau pur bien consommé ou mélangé de terre

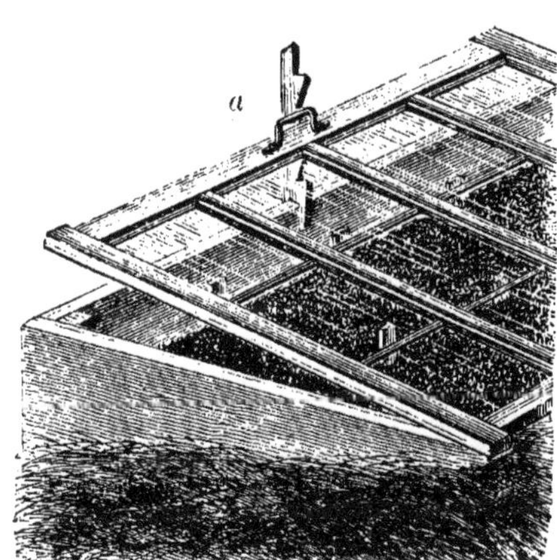

Fig. 1.

(1) Beaucoup de personnes qui redoutent pour leurs semis les ravages des insectes, tels que courtilières, etc., préfèrent, au lieu de semer directement dans la terre de la couche, effectuer leurs semis dans des pots, des terrines ou des caisses dont on doit drainer le fond, et qu'on place sur la couche ou qu'on y enterre en partie. Pour les semis en plein air, on préfère aussi, lorsqu'il s'agit d'espèces un peu délicates qui ont besoin d'être repiquées, de les semer dans des pots, des terrines (sortes de pots plats) ou des caisses; c'est surtout le cas lorsque la qualité de la terre est peu favorable aux semis ou que les ravages des insectes sont à craindre. En outre, la facilité qu'on a ainsi de pouvoir changer au besoin ces semis de place et de les transporter commodément où l'on veut, leur fait souvent donner la préférence.

sableuse que l'on passe au crible, ou bien elles sont tout simplement appuyées sur la terre avec la main ou avec une planche disposée à cet usage, appelée batte ou battoir (fig. 2). Le semis fait, il est nécessaire d'arroser légèrement la terre avec *un arrosoir à long goulot* (fig. 3), à l'extrémité duquel on adapte *une pomme finement percée* (fig. 3*a*), et l'on renouvelle cette opération toutes les fois que le besoin s'en fait sentir. Cependant il n'est pas toujours nécessaire d'arroser les semis faits sur couche chaude ; car il arrive fréquemment que, par suite de la fermentation, il y a plutôt dans la couche et sous le vitrage surabondance que manque d'humidité, en sorte que des arrosements donnés inconsidérément pourraient quelquefois devenir nuisibles.

Fig. 2.

Fig. 3.

Afin d'apporter tout l'ordre désirable dans l'opération des semis, on devra, aussitôt les graines semées, placer une étiquette portant le nom de la plante ou un numéro correspondant, et, s'il y a lieu, son origine et surtout la date du semis. Le mode d'étiquetage le plus simple et le moins dispendieux consiste à prendre un morceau de sapin ou autre bois blanc et tendre que l'on aplanit au moins d'un côté ou des deux côtés, en ne lui laissant qu'une épaisseur de 4 à 6 millimètres, et qu'on aiguise d'un bout (fig. 4) ; on choisit le côté le plus uni, et l'on y passe, soit avec une brosse, soit de préférence avec le doigt, une légère couche de peinture au blanc de céruse, et le crayon peut fonctionner aussitôt. Il est préférable de ne blanchir les étiquettes qu'au moment de s'en servir, les caractères ou les chiffres tracés pendant que la peinture est encore fraîche marquant mieux et restant lisibles plus longtemps. Pendant la nuit, on couvre les châssis avec des paillassons (fig. 5), et on les découvre le jour par le beau temps. Il est d'usage de maintenir quelquefois les paillassons jusqu'à ce que les graines commencent à germer, et de ne les enlever que lorsque la germination s'est effectuée ; il est bien entendu que cet enlèvement de paillassons ne doit avoir lieu que par un temps couvert ou graduellement, pour habituer les jeunes plantes à la lumière ; on ferait

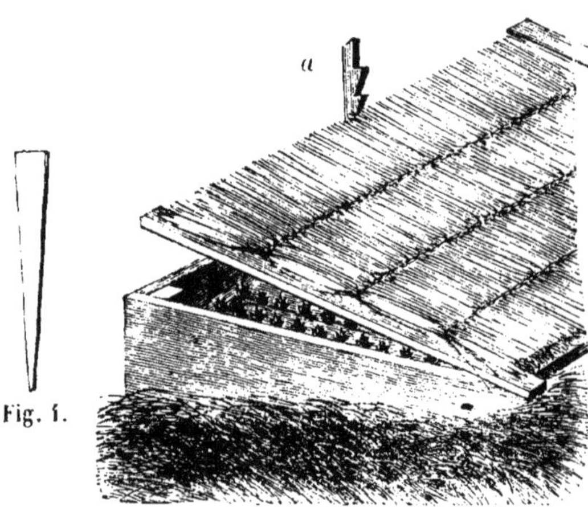

Fig. 4.

Fig. 5.

même bien, dans beaucoup de cas, de remplacer pendant quelques jours les paillassons par des toiles à larges mailles, dites à ombrer. On maintient autant que possible, sous les châssis, une température de 12° à 15° pendant la nuit, et de 18° à 20° pendant le jour ; pour cela, il est souvent nécessaire de remonter ou de renouveler les réchauds de fumier. Dès que les graines sont germées, on doit soulever le châssis par derrière ou partie la plus élevée, pour donner de l'air toutes les fois que le temps le permet, afin que les plantes ne s'étiolent pas, et surtout quand il fait soleil, afin d'éviter sous les châssis la concentration d'une trop grande chaleur. A cet effet, on se sert d'un pot, ou mieux d'une petite planche appelée crémaillère (fig. *1a* et *5a*), qui peut maintenir le panneau ou châssis soulevé au-dessus du coffre à des hauteurs déterminées. En outre, on répand de la litière sur le verre des panneaux ; on y étend une toile à larges mailles, des clayons à jour, de menus branchages, ou bien on barbouille le vitrage avec du blanc d'Espagne ou un peu de vert délayé dans de l'eau, pour protéger les plantes encore tendres contre les rayons directs du soleil.

Quelques personnes emploient aussi pour couvrir leurs semis, au lieu de châssis vitrés ordinaires, des panneaux où le verre est remplacé par du papier huilé.

Dès que les plants se sont suffisamment développés, c'est-à-dire dès qu'ils ont
1a. quelques feuilles, on doit, suivant les espèces et les soins particuliers qu'elles
1b. exigent, ou les *éclaircir* (a), ou les *repiquer sur couche* (b).

L'éclaircissage doit avoir lieu lorsque les plants sont trop serrés, qu'on en a trop, ou qu'il s'agit d'espèces pivotantes dont le repiquage n'aurait aucune chance de succès, et qui doivent, pour cette raison, rester à la même place (1).

Le repiquage est au contraire de la plus haute importance pour la grande ma-
1b. jorité des plantes ; on peut le faire, soit sur la couche même (b), soit en pots (cf)
1c. qu'on laisse sur couche jusqu'à la plantation à demeure. Le repiquage sur la
1f. couche même devra être adopté de préférence pour toutes les espèces à racines
fibreuses qui, trop tendres encore par suite du mode de culture qu'elles ont subi,
1c. ne pourraient supporter alors la plantation à demeure. Le repiquage en pots (cf)
1f. n'est guère usité que pour les espèces à racines pivotantes ou pour celles qui plus
tard souffriraient beaucoup de la transplantation. On peut repiquer plusieurs
plants dans un même pot, et lorsqu'ils ont acquis un certain développement qui
leur permet de supporter la mise en place, on dépote, c'est-à-dire qu'on renverse
simplement le vase pour en faire sortir le contenu, et l'on divise la potée en
autant de parties qu'il y a de pieds, en leur conservant une bonne motte. Si l'on
opère sur des plantes dont la reprise est très-difficile, on en repique une seule par
1d. pot (d), ou bien on sème clair en pots ou en terrines sur couche (e) ; on éclaircit
1e. au besoin, on supprime les plants qui sont de trop, et l'on plante plus tard à
demeure en dépotant sans diviser la motte.

Lorsque les semis sont faits en pots, on emploie généralement des pots dits de quatre pouces ; on les enterre jusqu'au niveau du sol, et lorsqu'on est certain qu'ils ont été posés d'aplomb, ce dont il est facile de s'assurer en plaçant une règle sur toute la rangée, on met un tesson au fond de chacun d'eux ; on les emplit

---

(1) Toutes les plantes pourraient à la rigueur être repiquées : c'est une question d'âge et surtout de soins qui ne sont pas toujours pratiques, et qui ne peuvent être donnés que par un petit nombre de jardiniers très-expérimentés possédant l'outillage et tous les éléments nécessaires.

ensuite de terreau ou de terre légère mélangée, analogue à celle qu'on aurait employée dans le cas précédent. On foule et l'on égalise la terre avec un battoir de même forme que l'ouverture des pots, un peu moins large pourtant, et l'on procède ensuite au semis; on recouvre les graines comme il a été dit plus haut; en un mot, on renouvelle les mêmes opérations. Il est cependant plus facile et plus convenable d'emplir de terre les pots et d'y semer les graines avant de les enterrer dans la couche; on est ainsi moins exposé à faire des mélanges; on sème et l'on couvre plus également les graines, et le travail se fait plus facilement et plus régulièrement.

Les graines très-fines, comme celles de Clintonia, de Lobelia, de Calcéolaires, d'Eucnide, etc., qui demandent à être couvertes à peine et qu'il suffit même de répandre ou d'appliquer sur la terre, peuvent avec avantage être semées en pots. Pour éviter que les arrosements déplacent les graines, on mouille la terre à fond avant le semis, et l'on recouvre ensuite le pot avec une feuille de verre (fig. 6). D'une part, l'évaporation étant plus lente, la terre sèche moins vite, et, d'une autre part, la condensation qui s'établit sur les parois du verre entretient une humidité suffisante. On peut aussi, pour éviter d'arroser, plonger pendant quelques minutes la base du pot dans un bassin ou vase rempli d'eau, que la force de capillarité appelle jusqu'à la surface de la terre.

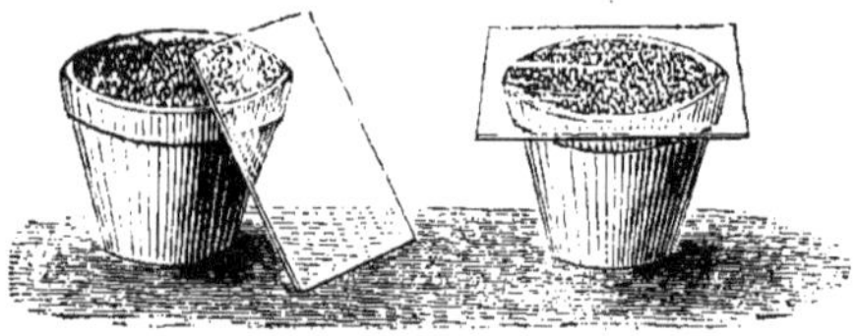

Fig. 6.

Les couches du *commencement de Mars*, ou exceptionnellement celles de
1f. Janvier-Février (f), sont destinées à certaines plantes délicates ou à celles qu'on veut avancer; *mais, dans la plus grande majorité des cas*, les semis faits à la
2a. fin de Mars (a) ou dans le courant d'Avril (b) suffisent (1) au moins pour le climat
2b. de Paris.

La conduite des couches et des semis faits à la fin de Mars est la même que pour les semis du commencement de ce mois; les plants reçoivent les mêmes traitements, c'est-à-dire qu'on les repique sur la cou-
2c. che (c) ou en pots (d), ou bien on effectue
2d. le semis en pots ou en terrines en Mars (e)
2e. et même jusqu'en Avril (f); seulement la
2f. température commençant à devenir plus douce à cette époque, des cloches (fig. 7) peuvent alors parfaitement suppléer les

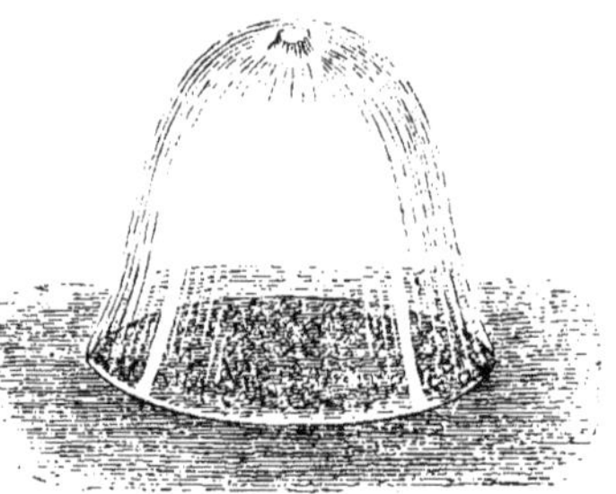

Fig. 7.

(1) Il y a parfois intérêt d'obtenir de certaines plantes la floraison ou le développement plus tôt que d'habitude; dans ce cas, il convient parfois de semer dès Janvier (1f) et surtout dès Février (1f) sur couche. Les plants repiqués soit à même la couche ou ce qui vaut mieux en pots sur couche, y demeurent jusqu'à ce que leur développement ou la température permette de les en sortir; c'est le

châssis. Il est également indispensable d'aérer les semis faits sous cloche toutes les fois que le besoin s'en fait sentir (fig. 8), principalement lorsque le soleil donne, et de répandre alors sur le verre de la cloche, soit de la paille ou de petits clayons, soit une toile à ombrer, une feuille de papier, de la fougère, etc., pour atténuer les effets d'une insolation trop considérable. Quelques personnes se contentent pour ombrer de barbouiller le verre. L'aération peut se faire pour les cloches comme pour les châssis, en les soulevant, soit au moyen d'un pot ou d'une pierre, soit de préférence avec une crémaillère taillée en pointe à la base (fig. 9), ce qui permet de l'enfoncer facilement en terre.

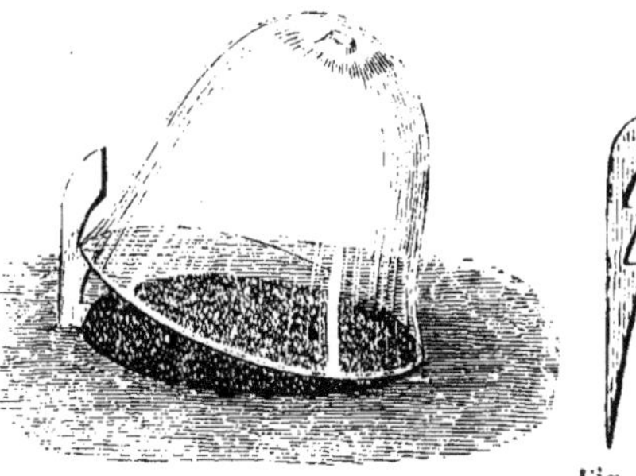

Fig. 9.

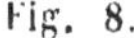

Fig. 8.

Du reste aussi, les couches destinées à la culture des primeurs, telles que Melons, Pois, etc., peuvent parfois servir simultanément ou successivement aux primeurs et aux semis ou aux repiquages de fleurs, et remplacer sans inconvénient, pour beaucoup d'espèces, celles que l'on construit dans le but spécial d'y élever des fleurs.

Les graines semées d'après les divers procédés que nous venons d'énumérer germent d'ordinaire assez promptement, et généralement d'une manière plus régulière que les semis à l'air libre ; en outre, la chaleur des couches excitant la végétation, il en résulte que les jeunes plants ne tardent pas à devenir trop épais et à se gêner ; aussi ne saurions-nous assez recommander d'éviter de semer trop dru. On ne devra pas négliger, en outre, d'aérer toutes les fois que le temps le permettra, et d'éclaircir les jeunes plants une et même deux fois, si cela est nécessaire (1). Avec les précautions que nous avons indiquées, on obtiendra des plants qui, au lieu d'être étiolés, trop tendres et exposés à périr lors du repiquage, seront trapus, vigoureux et supporteront sans danger la transplantation en plein air.

2. Semis en pleine terre.

1° *Semis en pépinière.*

Ces semis se font d'ordinaire suivant les espèces, la température, la nature du
3a. terrain, ou le climat en Mars (a);
3b. en Avril (b);
3c. en Mai (c).

---

cas pour la Pervenche de Madagascar, le Cobæa, plusieurs Solanum et quelques autres espèces ; mais ce procédé demande des soins et un outillage que l'on ne rencontre guère que chez les horticulteurs de profession et un petit nombre d'amateurs.

(1) Les plants provenant de ces éclaircissages pourraient être repiqués et utilisés si l'on en avait besoin.

Lorsqu'on veut établir une pépinière, dans le but spécial d'y semer des fleurs annuelles, on doit préalablement choisir une terre saine, légère, meuble, à une exposition chaude et abritée, de préférence une plate-bande inclinée au Midi (1), que l'on recouvre de terreau ou autre terre légère. Après y avoir dessiné des compartiments avec le *battoir* (fig. 10) ou des rayons avec une simple baguette (ainsi que nous avons essayé de l'indiquer dans la fig. 11, qui représente une plate-bande en ados ou costière abritée par un mur), ou bien des petits bassins ronds faits à à la main, on sème avec les soins indiqués pour les semis sur couche. Si la terre était par trop sèche, il conviendrait, avant de semer, d'arroser, comme nous l'avons déjà indiqué pour les semis faits en pots sur couches. Cependant comme ici les semis sont souvent considérables et qu'on est davantage exposé aux courants d'air, on pourra, pour semer plus régulièrement, mêler les graines fines avec du sable, et les graines aigrettées, plumeuses, que le vent enlève facilement, avec de la terre. Si le temps est sec ou aride, on pourra couvrir les semis avec du paillis ou fumier pailleux consommé, très-menu, répandu en couche légère sur la terre. Nous ne saurions trop recommander ce système, qui a l'avantage d'empêcher le sol d'être battu par l'eau des arrosements et des averses, tout en y maintenant la fraîcheur, et de garantir le pied des jeunes plantes contre les rayons trop vifs du soleil. On a aussi re-

Fig. 10.

Fig. 11.

(1) Il est des cas cependant où l'on doit donner la préférence à une exposition ombragée ou au nord; c'est surtout ce qui a lieu pour les semis de Primevères, d'Auricules, de Gentianes, et pour la plupart des plantes des montagnes, des bois, ou pour celles dont les graines ne lèvent guère que l'année qui suit celle du semis ou qui ont besoin de stratifier longtemps. Enfin, il peut arriver qu'on n'ait pas le

commandé de pailler avec de la mousse entière ou hachée; toutefois il est bon de signaler que la mousse employée en plein air se dessèche facilement, en sorte que le vent l'entraîne, la roule et la rassemble parfois en petits tas qui peuvent occasionner la perte des jeunes germinations; c'est pourquoi quelques personnes ne s'en servent que pour les semis faits sous verre ou pour ceux que l'on peut abriter. D'autres personnes préfèrent à la mousse et au paillis de fumier des brins de paille longue, placés régulièrement et parallèlement, presque à se toucher sur la partie du sol ensemencée, où ils sont maintenus ou fixés au moyen de tringles ou de morceaux de bois disposés en conséquence; enfin il est des cas où il y a avantage pour abriter les semis faits en pleine terre, contre les grands courants d'air, le soleil ou le rayonnement, de se servir de toiles claires ou de clayons placés tantôt perpendiculairement, tantôt horizontalement à une certaine hauteur, l'air circulant librement au-dessous. On peut encore dessiner en cercle les compartiments à ensemencer, et, une fois le semis opéré, les couvrir pendant la nuit avec des cloches ou des pots renversés qui protégeront le semis contre le froid et l'invasion des insectes (fig. 12 et 8); il sera même plus avantageux de laisser les cloches ou les pots sur les semis jour et nuit, jusqu'au moment de la levée des graines. S'il est nécessaire ensuite de laisser ces cloches ou ces pots sur les semis durant le jour, on pourra au besoin donner de l'air en les soulevant d'un côté et comme il est indiqué (fig. 8 et 12*a*). Lorsque les plants se sont suffisamment développés, on les repique sur une plate-bande voisine, ou bien on les éclaircit sur place; enfin on les plante à demeure quand ils sont de force à se défendre.

Fig. 12.

2° *Semis sur place ou en place.*

Ces semis se font suivant les espèces, la température, la nature du terrain ou le

4a. climat en Mars (a),
4b. en Avril (b),
4c. en Mai (c),
4d. en Juin (d) (1).

Les plantes annuelles qu'on sème sur place sont: 1° celles qui n'exigent que peu de soins pendant leur premier âge; 2° celles qui supportent mal la transplantation

---

choix de l'emplacement et qu'on ne puisse semer que dans un terrain froid, compacte, trop lourd ou humide. Dans ces circonstances, si l'on ne pouvait l'alléger ou l'assainir, mieux vaudrait faire les semis en pots, terrines ou caisses.

(1) On peut encore semer en place en Juillet et parfois jusqu'en Août quelques espèces annuelles à végétation très-rapide, dont on désire une floraison automnale.

On peut aussi semer en place en Juillet et parfois en Août quelques espèces annuelles rustiques,

ou qui exigent pour réussir des soins trop minutieux et qui sont d'une pratique difficile et peu à la portée de la généralité des amateurs ; 3° celles dont on veut faire des semis considérables pour en former, soit des grandes masses, soit des corbeilles, des bordures ou de grandes lignes (1).

Les plantes comme les Lupins, les Ricins, etc., qui demandent à être isolées pour acquérir tout leur développement, ou celles qui prennent rapidement de grandes dimensions, doivent être semées comme s'il s'agissait de Pois ou de Haricots, c'est-à-dire dans de petites fosses où l'on place plusieurs graines ; plus tard on ne laisse que le plant le plus vigoureux.

On pourrait aussi semer sur place des plantes plus délicates que l'on est dans l'habitude de semer en pépinière ; mais il faudrait alors se rapprocher des soins indiqués pour les semis en pépinière dans le chapitre précédent, en ayant la précaution de garantir les semis par du paillis, de la mousse, de la litière, des paillassons ou nattes, etc.; si, par la suite, les plantes étaient trop rapprochées, on les éclaircirait.

Si la terre dans laquelle on opère est lourde et compacte, il est indispensable de l'ameublir, de la drainer si elle est trop humide et de recouvrir les graines avec du terreau ou de la terre légère.

Semis d'automne.

La plupart des plantes annuelles répandent leurs graines à la fin de l'été ou en automne. Ces graines (suivant les espèces) passent l'hiver dans la terre sans germer, ou bien elles germent dès l'automne, se développent peu de temps après, et les plantes encore jeunes, surprises par le froid, attendent que le printemps vienne ranimer leur végétation. On fera bien d'imiter la nature pour les espèces de notre climat qui ne souffrent pas de l'hiver et pour celles qui, n'étant pas indigènes, peuvent aussi le supporter (2). Ces plantes seront plus vigoureuses, plus

---

dont on cherche à obtenir la floraison de bonne heure au printemps. (Voir à ce sujet le chapitre suivant : SEMIS D'AUTOMNE.)

On peut semer quelquefois en place, dès Février, si le temps est doux, la terre saine et légère, quelques espèces telles que Pavots, Coquelicots, Pieds d'Alouette, Bleuets, Thlaspi, Julienne de Mahon, etc., qui gagnent à être semées dès cette époque et qui fournissent ainsi des plantes plus vigoureuses et plus florifères.

(1) Enfin, il est un certain nombre de plantes annuelles dont on peut obtenir de très-jolies potées fleuries, en les semant à même les pots et en éclaircissant plus tard le semis pour n'y laisser que le nombre de plants nécessaire. Le Réséda, les Némophila, les Collinsia, les Leptosiphon, les Godetia, les Aira et Agrostis, la Julienne de Mahon, l'Oxalis rose, le Lin rouge, les Campanula pentagonia, Loreyi, speculum, les Gypsophila elegans et plusieurs autres espèces, sont au nombre de celles qui se prêtent le mieux à cette culture, qui peut offrir parfois de l'intérêt.

(2) Les semis d'automne sont avantageux en outre pour beaucoup d'espèces qui, semées au printemps, réussissent rarement ou mal, et particulièrement pour celles qui, comme les Crucifères, semées après l'hiver, sont dévorées par les insectes. Ces semis d'automne sont indispensables aussi pour les espèces dont les graines ont besoin d'être stratifiées et de passer plusieurs mois en terre pour devenir aptes à germer au printemps.

belles, leurs fleurs plus grandes et de couleurs plus vives. Les Campanules Miroir de Vénus, les Collinsia, le Collomia coccinea, les Crépis rose et blanc, la Cynoglosse à feuille de Lin, l'Erysimum Petrowskianum, les Gilia, les Eschscholtzia, les Nemophila, les Thlaspi, le Silene pendula, la Julienne de Mahon, le Pied d'Alouette et beaucoup d'autres, que l'on trouvera mentionnées dans une liste spéciale placée à la fin de cet ouvrage, sont dans ce cas. C'est, de plus, un moyen d'obtenir de bonne heure la floraison des plantes qui peuvent se soumettre à cette culture, et, par des semis répétés au printemps, de se procurer une succession presque non interrompue et souvent très-désirable de ces fleurs. Ces semis ne doivent pas être faits trop tôt ; car si les plantes étaient déjà fortes quand l'hiver survient, elles seraient beaucoup plus exposées à périr. Ils se font pour le mieux, suivant les espèces, de la
5f. fin d'Août (f et g) au
5g. commencement d'Octo-
5e. bre (e), mais plus généralement dans le courant de Septembre, sur place
5a. (a), et se pratiquent du reste comme ceux du printemps. On peut semer les mêmes plantes en pé-
5b. pinière (b) à la même époque, et les repiquer à environ 10 centimètres en pépinière en plein air où elles passent l'hiver (fig. 13). Au mois de Mars, on les repique de nouveau, en les espaçant, suivant les espèces, de 15 à 20 centimètres en tous sens. En Avril, on les lève en motte au moyen d'une houlette (fig. 14), et on les plante à demeure.

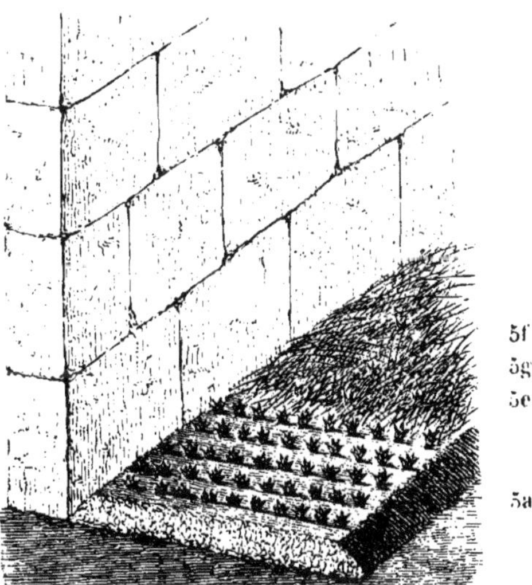

Fig. 13.

Fig. 14.

Fig. 15.

Quelques plantes plus délicates, qu'on sème également en automne, demandent
5c. à être repiquées en pépinière près d'un abri (c) (*Voy.* fig. 15). Il est nécessaire de les recouvrir d'un peu de litière, de fougère sèche, de paillassons, nattes ou panneaux par les gelées continues de — 3° à — 4°.

On peut aussi semer en pépinière en automne (Septembre), et hiverner en pépi-
5d. nière sous châssis (d) un certain nombre de plantes qui ne supporteraient pas sans cet abri les rigueurs de l'hiver. A cet effet, on choisit encore de préférence une place abritée et au midi ; on pose *sur le sol* un ou plusieurs coffres qu'on emplit de terre douce jusqu'à environ 12 à 15 centimètres du bord, en ayant soin que cette terre soit assez foulée pour n'être pas creuse ; on y repique les jeunes plants (1) dans le courant d'Octobre, à 8 ou 10 centimètres les uns des autres, et s'il survient des froids, de la neige ou des pluies abondantes, on les couvre avec des panneaux vitrés (fig. 16). Il est indispensable que la gelée ne pénètre pas sous le châssis, et l'on y pourvoit en amoncelant autour des coffres, soit de la terre, soit de la litière, de la mousse, des bourres ou bien des feuilles, et en couvrant les panneaux avec des paillassons. L'humidité est aussi en hiver un ennemi dont on doit combattre les fâcheux effets. On obtient ce résultat en modérant les arrosements, en donnant de l'air le plus possible et toutes les fois que le temps le permet. Vers le mois d'Avril ou de Mai, on lève les plantes en motte et on les met en place.

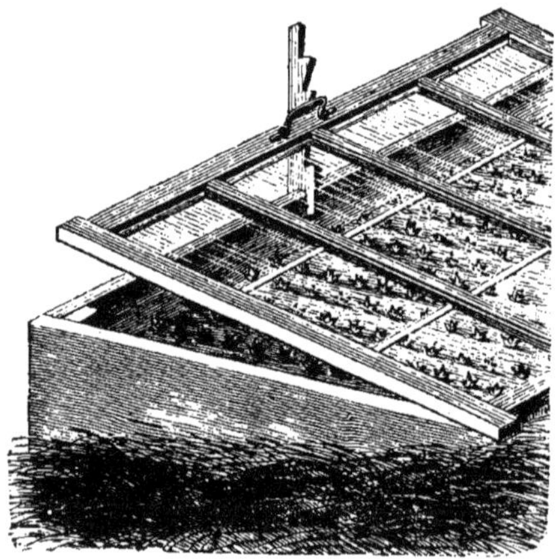

Fig. 16.

La conduite d'un châssis de repiquage demande une surveillance active, continuelle et des soins entendus. L'excès d'humidité produisant toujours sur les plants de la majorité des espèces des effets pernicieux, on devra le combattre par tous les moyens possibles : les arrosements surtout devront être faits avec beaucoup de discernement et de prudence, et s'il s'agissait de plantes à feuilles un peu épaisses, charnues ou très-velues, mieux vaudrait même s'abstenir de tout arrosement, alors que le temps est couvert et par les gelées continues. L'étiolement est aussi pour les plantes cultivées sous châssis un mal fréquent que l'on atténuera en donnant le plus d'air et de lumière que les circonstances le permettront, et en pinçant, s'il y a lieu, l'extrémité des rameaux qui auraient une trop grande tendance à s'allonger. Il conviendra en outre d'éviter soigneusement que les plantes ne soient brûlées par le soleil; on y parviendra en ombrant, en aérant sous les châssis et en les soulevant chaque fois que cela sera nécessaire. Enfin, on ne saurait faire une

(1) Ce repiquage des plantes qu'on veut faire hiverner sous châssis peut être fait, si on le préfère, en pots ou en terrines à fond drainé, ou bien tout simplement dans des plates-bandes de jardin sur lesquelles on posera en hiver des coffres munis de châssis.

chasse trop suivie aux vers, aux limaces et limaçons, aux courtilières, aux cloportes et autres insectes nuisibles, qui occasionnent parfois tant de dégâts dans les cultures, et surtout sous les châssis et dans les jeunes semis. C'est pour cette raison que beaucoup de personnes préfèrent encore faire tous leurs semis en pots, en terrines ou bien en caisses, étant ainsi plus assurées du résultat que lorsque les semis sont faits en pleine terre ou à même la couche, où ils sont exposés à une foule de dangers (1).

II. PLANTES BISANNUELLES

6d. La plupart de ces plantes peuvent être semées à l'air libre de Mai (d) Juin (a)
6a. en Juillet (b), en pépinière à l'ombre (2) ou à demi-ombre; les plus délicates en
6b. pots (c et e), pour être plantées à demeure ou dans la pépinière d'attente (8). En
6ce. les semant plus tôt, on serait exposé à les voir se développer trop vite ou donner
8. tardivement, à la fin de la première année, des fleurs médiocres qui fatigueraient
le sujet et l'exposeraient à périr pendant l'hiver. Quelques autres, d'une végétation
plus lente, ne fleuriraient pas la seconde année sous notre climat, si on ne les avait
6de. semées dès Avril-Mai (d et e) de l'année précédente. Enfin, il en est quelques-unes, à
6f. croissance très-rapide, qui demandent au contraire à être semées tard, soit en Août
6g. en pépinière en planche (f) ou en pots (g), soit même jusqu'en Septembre-
6hi. Octobre (h et i), si l'on veut les voir arriver à bien l'année suivante. Les soins qu'exige
le semis des plantes bisannuelles sont les mêmes que pour les plantes annuelles;
cependant la conservation pendant l'hiver de plantes un peu délicates ou de celles
qui seraient vivaces en serre exige quelques soins particuliers. On les repique ou
6j. bien on les plante en pots pour les hiverner (j) sous verre (3). Un coffre pourvu

---

(1) Nous rappellerons, en terminant le chapitre relatif aux plantes annuelles, que l'on peut faire de plusieurs d'entre elles de très-jolies potées, précieuses parfois pour décorer les appartements, garnir les gradins, et d'autres fois pour faire des remplacements et des regarnissages dans les plates-bandes et massifs.

(2) Par ombre, nous n'entendons pas le couvert et encore moins le couvert complet, qui est presque toujours nuisible aux semis et aux cultures, mais seulement l'ombre projetée, soit par un mur ou autre abri vertical qui n'intercepte point le rayonnement, c'est-à-dire, les relations directes entre le sol et les régions supérieures de l'atmosphère.

(3) Pour quelques espèces, il suffit parfois pour les conserver, de les couvrir tout simplement de coffres munis de leurs châssis. Certaines personnes, qui font leurs semis en pots, se contentent pour diverses espèces d'hiverner les potées tel quel sous châssis, pour ne repiquer et diviser les plants qu'au printemps.

Enfin, on peut aussi conserver en hiver quelques plantes bisannuelles, en les élevant en pots bien drainés et en les entretenant en bon état par des arrosements très-modérés; on place ces pots sur des tablettes adossées contre un mur au nord, au levant, au sud-est, à l'ouest ou au midi, lequel mur est surmonté d'un auvent ou d'un chaperon. Dans la plupart des cas, les expositions du sud-est et du levant sont les meilleures.

de châssis (fig. 17), plus élevé que d'ordinaire, placé à bonne exposition, à la sur-

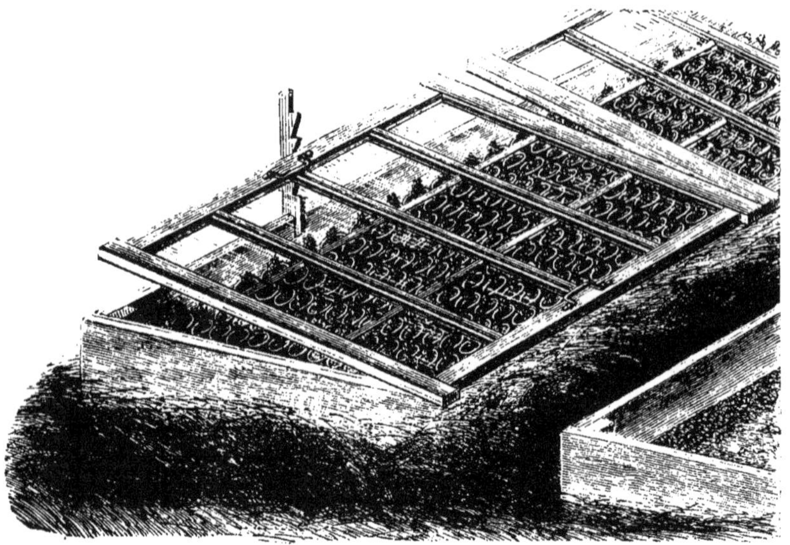

Fig. 17.

face du sol et entouré de litière pour empêcher le froid d'y pénétrer, ou pour le mieux enterré dans le sol (ce qui dispense avec avantage du soin d'avoir des réchauds), sera un abri très-convenable pour ces plantes. Des paillassons (fig. 18), ou, à défaut de la litière, des feuilles sèches, de la mousse, des planches, etc., seront placés sur les panneaux pendant la nuit et par les temps rigoureux. Pendant l'hiver, on veillera assidûment à ce que l'humidité, fort à craindre alors, n'amène la pourriture, et par cela même la perte des plantes. Des arrosements modérés et une aération parfaitement comprise sont les conditions essentielles pour assurer la conservation de ces végétaux. Avant de disposer les pots sous les châssis, il est bon d'établir un lit de 6 à 8 centimètres de gros gravier ou plutôt d'escarbilles, sur lequel les pots seront placés. Ce procédé a l'avantage d'éviter une humidité surabondante et d'empêcher les vers ou lombrics de pénétrer à l'intérieur des pots; cependant, quoique excellent dans quelques circonstances, ce procédé n'est pas indispensable, et le plus souvent les semis réussissent et les plantes en pots se

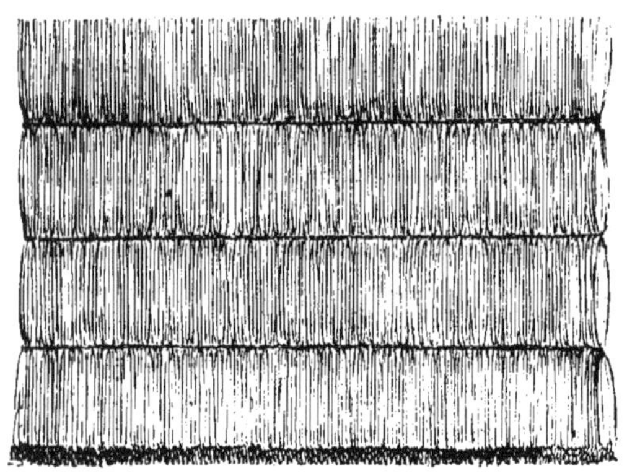

Fig 18.

conservent bien sans cette précaution. Au printemps, les plantes seront dépotées et plantées avec leur motte à la place qui leur est destinée, à moins qu'on ne préfère les laisser fleurir en pots; dans ce dernier cas, il y aurait lieu parfois de donner à certaines espèces un rempotage à la fin de l'hiver, opération qui deviendrait indispensable pour les espèces qu'on aurait hivernées dans des pots trop petits pour qu'elles pussent prendre un développement normal. Une serre froide ou tempérée, une orangerie, des tablettes placées au levant ou au nord, quelquefois au midi, contre un mur surmonté d'un auvent ou d'un chaperon, enfin des fenêtres bien exposées, pourront souvent remplacer les châssis; dans tous les cas, une des conditions les plus importantes à observer, si l'on veut que des plantes conservées l'hiver, soit sous châssis ou autrement, ne s'étiolent pas, mais restent au contraire bien vertes, trapues et vigoureuses, c'est, outre les soins déjà indiqués et une aération fréquente, de ne les point entasser en trop grand nombre dans un petit espace, et de les tenir aussi rapprochées de la lumière et du verre que possible, en évitant qu'elles ne touchent ce dernier et ne soient froissées par les panneaux.

III. PÉPINIÈRE D'ATTENTE (8).

C'est une plate-bande dans un endroit écarté du jardin, soit dans le potager, le fleuriste ou la réserve, destinée à recevoir : 1° les plantes annuelles dont les racines sont abondantes et composées de fibres déliées, comme dans les Reine-Marguerites, les Balsamines, les Œillets d'Inde, etc., qu'on peut lever facilement en motte, ou qui supportent la transplantation jusqu'au moment où elles vont fleurir. Au lieu de les planter à demeure au sortir de la couche ou de la pépinière où le semis a eu lieu, à des places qu'elles occuperaient longtemps sans les orner, elles sont provisoirement repiquées et élevées dans la pépinière d'attente (8) et plus tard transplantées en motte avec soin à l'endroit qu'elles doivent définitivement décorer; 2° on repique aussi dans la pépinière d'attente les plantes bisannuelles qui souvent ne pourraient être plantées à l'automne dans les plates-bandes ou les massifs qu'elles trouveraient encore occupés : elles sont alors placées dans la pépinière d'attente (8) et transplantées à demeure au printemps; 3° enfin on élève aussi dans la pépinière d'attente les plantes vivaces qui se trouveraient dans le même cas que les bisannuelles, et, en un mot, toutes celles qui font attendre longtemps leur floraison. Dans cette dernière catégorie, il s'en trouve qui, arrivées à l'âge de fleurir, ne pourraient plus supporter la transplantation; l'usage est, pour ces espèces, de repiquer leurs plants très-jeunes dans des pots, que l'on change plus tard par de plus grands s'il y a lieu et que l'on enterre dans la pépinière d'attente, d'où ils seront facilement enlevés lors de la plantation à demeure.

IV. PLANTES VIVACES.

Semis et Culture.

7a. La plupart des plantes vivaces se sèment de Juin en Juillet (a), mais plutôt en

7b. Juin, à l'ombre ou à demi-ombre (1), en pépinière en planche (a) ou en pots (b),
ou bien en terrines ou en caisses pour être mises en place ou dans la pépinière
8 d'attente (8) à l'automne ou au printemps.

7c. On sème en outre d'avril en mai, en pépinière en planche (c) ou en pots (d), celles
7d. dont le développement est lent, ou celles qui, semées dès cette époque, peuvent
7e. fleurir dans la même année (e), comme de véritables plantes annuelles ; c'est le cas
pour les Delphinium vivaces hybrides et formosum, le Gaura Lindheimeri, la
Comméline, le Pyrèthre ou Chrysanthème rose, le Lychnis croix de Jérusalem, la
Polémoine, etc. D'autres exigent, pour bien fleurir l'année même du semis, d'être
7f. semées sur couche, les unes en Mars-Avril (f), les autres un peu plus tôt et dès
7i. Février (i); elles sont alors repiquées sur couche ou élevées en pots sur couche, jusqu'à ce que la température permette leur plantation à l'air libre.

D'autres, semées en été et en automne et même au printemps, ne lèvent qu'au
printemps suivant et ne fleurissent qu'à la troisième ou quatrième année, telles
sont les Pivoines, la Fraxinelle, etc. Celles-là surtout doivent être placées dans la
pépinière d'attente et semées de préférence dès que leurs graines sont mûres, et
7j. d'ordinaire en Août et Septembre (j) en pépinière, soit en planche ou bien en
terrines ou en pots, que l'on pourra abriter au besoin en hiver (h) si l'on a affaire
à des espèces délicates.

Enfin, il est des plantes vivaces qui réussissent parfois mieux semées en plein air
vers la fin de l'hiver et dès Février (i), en pépinière en planche ou en pots, que
si on les semait plus tard. D'autres, comme les Violettes, l'Eranthis hiemalis, etc.,
ont absolument besoin d'être semées avant l'hiver, ou d'être stratifiées si on veut
les voir germer au printemps, sans quoi on est exposé à ce qu'elles restent deux ans
en terre avant de pousser. Pour ces graines à germination lente, il est important
de ne point les déranger tant que la levée n'a pas eu lieu, et d'entretenir la place
ensemencée dans un état parfait de propreté, en arrachant les mauvaises herbes et les
plantes étrangères, et surtout en couvrant le semis d'un paillis qui évitera des arrosements plus nuisibles qu'utiles en pareil cas. Les semis d'espèces délicates pourraient,
7h. suivant le cas, recevoir une couche de feuilles ou autre abri (h) pendant l'hiver. Parmi
les plantes qui produisent des racines charnues, des rhizomes, des tubercules ou
des bulbes, il en est qui périraient en hiver ou d'autres qui réussiraient mal si on les
laissait en pleine terre toute l'année, sous notre climat ; l'usage est d'arracher ces
7g. espèces à l'époque qui convient à chacune d'elles et de les conserver (g) dans une serre,
un cellier, etc.

A part les exceptions que nous avons indiquées, les soins qu'exigent le semis des plantes vivaces sont les mêmes que ceux indiqués pour les espèces annuelles et bisannuelles.

Après complet développement des plantes, et dans l'intérêt de leur conservation, on a soin de couper les tiges florales dès que les fleurs sont passées, et de diviser les touffes quand elles deviennent trop fortes, ou qu'elles commencent à se dégarnir au centre.

---

(1) Beaucoup d'espèces peuvent être semées en plein jardin et au plein soleil ; mais, dans la plupart des cas, il vaut mieux les garantir contre l'ardeur du soleil par des abris. Le paillage des semis est en outre utile dans la plupart des cas.

Cette opération doit s'effectuer à des époques qui varient beaucoup ; pourtant c'est d'ordinaire au printemps, avant la reprise de la végétation, ou bien après la floraison, au moment où les plantes entrent dans la période de repos, c'est-à-dire le plus souvent à la fin de l'été ou au commencement de l'automne. Cependant, pour beaucoup d'espèces vivaces, la reprise est bien plus assurée, lorsqu'on n'opère la division des touffes et la transplantation qu'au moment où les plantes commencent ou vont commencer à entrer en végétation. C'est ce dernier mode qu'on devra préférer chaque fois que faire se pourra ou qu'on ne voudra pas nuire à la prochaine floraison (1).

V. PLANTES BULBEUSES DE PLEINE TERRE

(12ab.10cd.7ca.7db.7g.7h.7ij.)

Le mode de multiplication le plus généralement usité pour les plantes bulbeuses n'est point le semis, mais bien la séparation des caïeux et des bulbilles, qui s'effectue surtout à la maturité des bulbes, soit lors de leur arrachage ou bien à l'époque de leur replantation, ainsi qu'on le trouvera indiqué dans « LES FLEURS DE PLEINE TERRE. » Ce procédé est non-seulement celui qui donne les résultats les plus prompts, mais c'est aussi (avec le bouturage des écailles chez quelques genres) le plus certain pour fixer et perpétuer les variétés horticoles obtenues, soit accidentellement, soit par la voie du semis.

Le semis est, nous le répétons, peu usité pour la majorité des plantes bulbeuses, qui font parfois attendre leur floraison plusieurs années, cependant quelques espèces ne pouvant guère être multipliées autrement, et, d'un autre côté, ce procédé étant employé par les personnes qui cherchent à obtenir des variétés nouvelles, nous allons en dire quelques mots.

Les graines de la plupart des espèces peuvent et doivent même être semées aussitôt récoltées, le plus souvent en pots ou en terrines, quelquefois en pépinière en planche ; il en est pourtant qui réussissent parfaitement semées au printemps. Quelle que soit la méthode suivie, on doit choisir de préférence une terre légère et sableuse (celle de bruyère par exemple), et si l'on sème en pots ou terrines, il est indispensable d'y établir un bon drainage. Le semis fait, on arrose légèrement, et l'on renouvelle cette opération toutes les fois que le besoin s'en fait sentir, mais toujours avec la plus grande modération, surtout lorsque les graines ne sont pas encore levées ; plus tard les arrosements devront, au contraire, diminuer peu à peu à mesure que la végétation se ralentira, puis être supprimés complétement à la maturité. Pour opérer le repiquage des jeunes plantes bulbeuses de semis, il est

---

(1) Pour ce qui est des divers procédés de multiplication des plantes vivaces autres que les semis, nous renvoyons à notre ouvrage « LES FLEURS DE PLEINE TERRE. »

préférable d'attendre que leurs feuilles se soient desséchées (1). Ce repiquage se fait en pots, ou mieux en pépinière, où le plant doit demeurer jusqu'à ce que la grosseur des bulbes fasse pressentir une floraison prochaine. Les espèces, qui ne supportent pas l'hiver sous notre climat, surtout étant jeunes, se sèment en pots, en terrines ou en pépinière sous châssis ; pour celles-là, il est indispensable, si on les repique pendant la belle saison, en pépinière à l'air libre, d'arracher chaque année les jeunes bulbes, après arrêt de leur végétation, de les conserver au sec et à l'abri du froid, et de les replanter au printemps ou à l'époque convenable pour chaque espèce (2). On renouvelle cette opération tant que les ognons ne sont pas de force à fleurir ; cette époque venue, ils sont soumis au même traitement que les bulbes adultes.

En général, les plantes bulbeuses aiment un sol argilo-siliceux, et toutes les expositions, sauf le nord dans quelques cas, leur sont favorables ; quelques-unes, notamment certains Lis, Amaryllis, Tigridia, préfèrent la terre de bruyère ; d'autres, comme la Fritillaire méléagre, réclament un sol tourbeux et humide.

Quant à la plantation des plantes bulbeuses, il est assez difficile d'indiquer une époque qui puisse convenir à la fois à un grand nombre d'entre elles ; pourtant le meilleur moment pour celles qui résistent à nos hivers est d'Août en Novembre. Les Safrans (Crocus), les Scilles, les Narcisses, les Fritillaires, les Perce-Neige, les Muscari, les Tulipes, les Jacinthes, etc., sont dans ce cas. D'autres, comme le Safran cultivé ou tinctorial, les Cyclamen d'Europe, les Colchiques et l'Amaryllis lutea, dont la floraison a lieu en automne, doivent nécessairement être replantés plus tôt et d'ordinaire aussitôt que leurs feuilles se sont desséchées ou bien au moment où ils vont entrer en végétation. Les Renoncules et les Anémones, qui réussissent dans les terrains sains et bien exposés plantées d'automne, ne doivent être plantées au contraire qu'au printemps (Février-Mars), dans les terres froides et humides, et dans le nord. Enfin, les espèces qui craignent le froid, telles que la plupart des Glaïeuls, les Tigridia, certains Lis, etc., ne devront être plantées qu'au printemps, vers la fin de Mars ou le commencement d'Avril et parfois jusqu'en Mai.

Pour les autres particularités concernant la culture et la multiplication des diverses plantes bulbeuses, on devra recourir aux ouvrages spéciaux, tels que l'ALMANACH DU BON JARDINIER, LES FLEURS DE PLEINE TERRE, etc.

---

1) Quelques personnes préfèrent ne point déranger les jeunes plantes bulbeuses, dont les semis t laissés tels quels jusqu'au moment où les jeunes bulbes se remettent en végétation ; d'autres fèrent les arracher et les conserver, soit en stratification, soit au sec pendant la période du repos ; in il y a des semeurs qui repiquent au contraire les jeunes germinations dès les premières feuilles, tôt en pépinière en planche, tantôt en terrines ou en pots, parfois sous châssis, suivant que les constances l'exigent.

2) Pour les espèces qui craignent le froid, mieux vaut les semer en pots, en terrines ou sous re (12b), les repiquer également en pots ou en terrines que l'on peut facilement déplacer ou abriter olonté ; s'il s'agit de grandes quantités, on pourra les repiquer en pleine terre sous bâche, ou bien plate-bande sur laquelle on posera des coffres munis de panneaux que l'on couvrira de paillassons us les temps froids, et autour desquels on disposera, si besoin en est, des réchauds de fumier, de illes, etc.

VI. PLANTES AQUATIQUES.

Lorsqu'on veut faire un semis de plantes aquatiques, on prend un pot, ou plutôt une terrine *percée* qu'on emplit de terre franche ou argilo-sableuse; on répand les graines sur la surface en les recouvrant très-légèrement et selon leur grosseur; on dispose ensuite par-dessus une faible couche de sable fin (2 à 3 millimètres environ) et l'on arrose. Le semis fait, on transporte la terrine dans une autre terrine plus grande, qui doit contenir de l'eau en quantité variable selon qu'on opère sur une espèce submergée, flottante, émergée ou amphibie. En général, les graines des plantes submergées et des plantes flottantes doivent être semées aussitôt mûres (1) et placées dès ce moment à 2 ou 3 centimètres au-dessous du niveau de l'eau, tandis que celles des plantes émergées peuvent être maintenues à plusieurs centimètres au-dessus du niveau d'eau, de manière qu'il n'y ait que la base seule de la terrine ou du pot qui soit baignée.

Une grande partie des espèces amphibies peuvent être semées comme dans le cas précédent, d'autres réussissent étant semées tout simplement en pépinière en terre fraîche à l'ombre. Du reste, certaines espèces émergées peuvent aussi être semées en pépinière et traitées comme des plantes terrestres.

Les soins à donner aux plants des végétaux aquatiques sont, à part la question d'eau, les mêmes que pour les autres plantes. Lorsque les plants se sont suffisamment développés, on les repique en pots qu'on place, suivant leur nature, ou complétement sous l'eau, ou seulement le pied plongeant dans l'eau, en se conformant aux observations qui ont été relatées plus haut.

Les autres renseignements relatifs à la culture et à la multiplication des plantes aquatiques se trouvent indiqués dans notre ouvrage spécial « LES FLEURS DE PLEINE TERRE » ainsi que dans l'ALMANACH DU BON JARDINIER, auxquels on devra recourir en cas de besoins.

VII. PLANTES ALPINES.

La plupart des plantes dites Alpines, surtout celles des parties basses des montagnes et qui descendent presque dans la plaine, peuvent être traitées comme les plantes vivaces ordinaires; on les sème de même en pépinière, on les repique aussi en pépinière et on les met en place dès qu'elles sont de force à fleurir. Quelques autres espèces, appartenant aux zones plus élevées et avoisinant la région des neiges, doivent être semées à l'exposition du nord ou du levant de préférence, en pots ou en terrines fortement drainés et en terre de bruyère. On repique également les plantes dans des pots ou terrines à fond bien drainé, que l'on doit placer pendant l'été dans une partie du jardin abritée du grand air et du plein soleil par des mu-

(1) Si l'on ne pouvait les semer tout de suite, il conviendrait de les conserver à l'abri du froid dans de l'eau additionnée de charbon de bois calciné et pilé, dans de l'argile à poterie, dans du sable, du petit gravier ou du poussier de charbon entretenus mouillés, en lieu obscur et frais de préférence.

railles, des rideaux d'arbres ou des abris artificiels ; pendant l'hiver, on devra, pour conserver la plupart des espèces, les tenir à froid sous verre, au nord de préférence, en leur donnant le plus d'air possible et ne les arrosant que tout juste ce qu'il faudra pour les entretenir vivantes. Nous avons marqué du signe † les espèces qui demandent le traitement spécial aux plantes des parties hautes des montagnes. Pour plus de renseignements et la culture relative à chaque espèce, on devra recourir aux descriptions contenues dans notre ouvrage « LES FLEURS DE PLEINE TERRE. »

VIII. FOUGÈRES.

Les Fougères ne produisent ni feuilles, ni fleurs, ni graines, telles qu'on les entend généralement. Ce que l'on appelle vulgairement feuilles dans les Fougères, sont des sortes de rameaux foliacés auxquels on a donné le nom de frondes, qui ont la particularité d'être roulées en crosse avant leur entier développement. D'ordinaire, c'est sur la face inférieure ou verso de ces feuilles-frondes, et parfois sur des épis ou frondes fertiles spéciales de formes très-variables que sont disposés, de différentes manières, des organes particuliers remplaçant les fleurs, des sortes de capsules nommées *sporanges*, contenant les organes reproducteurs (graines) nommés *spores*, qui se présentent sous la forme de poussière presque impalpable, d'une couleur tantôt brune ou noire, tantôt jaune, orangée ou rousse. Ces spores sont ordinairement disposées par petits groupes qu'on désigne sous le nom de *sores* et qui sont parfois recouvertes d'une sorte d'enveloppe pelliculaire protectrice appelée « *indusie.* » Les différents genres qui composent la famille des Fougères ont été établis d'après la forme et la disposition des sores, la présence ou l'absence de l'indusie, la conformation des sporanges, etc. etc. ; ces détails, qui sortent un peu du cadre de cet ouvrage, n'ont d'autre but que celui de montrer que chez les Fougères, les fleurs et les semences ne sont point organisées comme l'on est accoutumé de les voir dans les plantes ordinairement cultivées pour l'ornement des jardins.

La multiplication des Fougères par le semis de leurs spores présente dans la pratique des difficultés telles, exige des connaissances si spéciales et des soins tellement minutieux, qu'il ne peut en être question ici. D'un autre côté, le mode le plus usité pour la multiplication des Fougères étant la division des touffes, la séparation des rhizomes, etc., procédés qui n'entrent pas dans le cadre de ces instructions pratiques et sommaires sur les semis, nous renvoyons les amateurs que ces détails intéressent aux ouvrages spéciaux, notamment au remarquable ouvrage illustré, intitulé « LES FOUGÈRES, » par MM. André, Rivière et Rose, publié par l'éditeur Rothschild en 1867, et pour les espèces rustiques de pleine terre le plus ordinairement cultivées en plein air, aux articles spéciaux de notre ouvrage « LES FLEURS DE PLEINE TERRE. »

IX. PLANTES PITTORESQUES

et de haut ornement pour les pelouses et les massifs des jardins paysagers, squares, etc.

La mode adoptée depuis quelques années d'employer pendant la belle saison, pour la décoration des jardins, des plantes pittoresques à grande végétation et à beau feuillage, a rendu obligatoire l'introduction dans les cultures de pleine terre en été d'un certain nombre de plantes de serre. Parmi ces plantes, plusieurs, semées de bonne heure au printemps, étant susceptibles de prendre dans le courant de l'année même un assez grand développement qui permet de les utiliser avantageusement dans l'ornementation des jardins et d'en obtenir les effets décoratifs les plus désirables, nous avons cru pouvoir assimiler la culture de plusieurs d'entre elles à celle des plantes annuelles et devoir les comprendre dans ce recueil, ainsi que quelques autres plantes de serre qui, semées d'automne ou de printemps, fleurissent l'été suivant, et peuvent conséquemment être traitées comme beaucoup de fleurs annuelles ou bisannuelles de nos jardins.

Pour les plantes comme les *Canna*, les ***Melianthus major***, les ***Nicotiana wigandioides*** et *glauca*, plusieurs *Solanum*, les *Wigandia*, etc., dont il y a intérêt à obtenir le plus promptement possible un très-grand développement, le mieux, lorsqu'on est convenablement outillé, sera de commencer à semer en pots ou en terrines en bonne serre ou sur couche chaude dès la fin de Janvier, ou mieux en
1abcdef. Février et Mars (1abcdef); on repiquera les plants et on les rempotera successivement et de plus en plus largement, jusqu'à ce qu'on puisse les placer en pleine terre, ce qui ne peut guère se faire à Paris qu'à partir du 15 mai. On pourra traiter de la même manière les Héliotropes, les Cobæa, les Pervenches de Madagascar, les Dahlias de semis, etc.

Les personnes qui possèdent des serres convenables et un emplacement suffisant pourraient faire relever de la pleine terre à la fin de l'été ou en automne et em-
11. poter (11) des pieds de quelques-unes de ces plantes pour les abriter et les conserver en hiver; mais ce mode étant peu pratique et ne produisant pas toujours de bons résultats, le mieux sera de recommencer les semis tous les ans, ou si l'on veut avoir des vieux pieds, de repiquer chaque année des plants de semis dans des pots où ils
6j. seront élevés et maintenus, puis hivernés au chaud (6j et 11) jusqu'à la mise en
11. pleine terre à la fin du printemps suivant.

OBSERVATIONS. *Ces indications de cultures, écrites pour les environs de Paris, devront subir dans leur application les modifications nécessaires, selon qu'on opérera sous des climats plus tempérés ou plus froids.*

ALBUM.

Pour mettre le public à même de connaître les fleurs nouvelles, nous avons créé un Album où figurent les plantes les plus intéressantes, peintes par plusieurs artistes distingués, notamment par Mme Champin et Mlle Coutance. Cet Album, déposé à notre magasin, y est à la disposition des visiteurs.

Nous avons déjà publié 28 planches de dessins lithographiés et coloriés extraites de cet *Album*; nous en enverrons le prospectus détaillé, *franco*, aux personnes qui nous en feront la demande.

1868-1869.

TABLE DES ABRÉVIATIONS.

Couleurs des fleurs (1re colonne).

A.	Amarante.	Gr.	Grenat.	Rci.	Rouge cinabre.
Ap.	Apétale.	Is.	Isabelle.	Ri.	Rouille.
Ar.	Ardoisé.	J.	Jaune.	Ro.	Rose.
B.	Bleu.	Jbr.	Jaune brun.	Roc.	Rose carné.
Ba.	Bleu azuré.	Jc.	Citron.	Rol.	Rose lilas.
Bca.	Blanchâtre.	Jo.	Jaune orangé.	Ropa.	Rose pâle.
Bf.	Bleu foncé.	Jp.	Jaune pâle.	Rop.	Rose pourpré.
Bl.	Blanc.	Js.	Jaune soufre.	Rov.	Rose violacé.
Blc.	Blanc de crème.	Jv.	Jaune verdâtre.	Rovi.	Rose vif.
Blj.	Blanc jaunâtre.	L.	Lilas.	Rp.	Rouge pourpre.
Bll.	Blanc lilacé.	Lb.	Lilas bleuâtre.	Rs.	Rouge sang.
Blr.	Blanc rosé.	Lf.	Lilas foncé.	Rv.	Vermillon.
Bp.	Bleu pâle.	Liv.	Livide.	Rvl.	Rouge violacé.
Br.	Brun.	M.	Marron.	Rx.	Roux.
Bt.	Bleuâtre.	Mdr.	Mordoré.	S.	Safran.
Bv.	Bleu violacé.	Mé.	Maculé.	Sé.	Strié.
C.	Couleur de chair, carné.	N.	Noirâtre.	So.	Sombre.
		O.	Orange.	V.	Violet.
Ch.	Chamois.	Oc.	Jaune d'ocre.	Vb.	Violet bleu.
Cm.	Carmin.	P.	Pourpre.	Vc.	Violet clair.
Cr.	Cramoisi.	Pct.	Ponctué.	Vd.	Verdâtre.
Cv.	Cuivré, Rouge cuivré.	Pé.	Panaché.	Vé.	Varié.
E.	Écarlate.	Pu.	Purpurin.	Vf.	Violet foncé.
F.	Feu.	R.	Rouge.	Vp.	Violet pâle.
Fu.	Fumée.	Rb.	Rouge brique.	Vpé.	Violet pourpré.
Fv.	Fauve.	Rbr.	Rouge brun.	Vr.	Violet rougeâtre.
G.	Gris de lin.	Rc.	Rouge cuivré.	Vv.	Violet verdâtre.

Autres particularités des plantes qui les rendent ornementales. (1re colonne.)

Aq.	Aquatique.	Fr.	Fruit ornemental.
Ep.	Epi.	Grp.	Grimpant, Volubile.
Fle.	Feuille ornementale.	Pit.	Plante pittoresque.
Fod.	Feuille odorante.		

La réunion de plusieurs signes indique que les couleurs ou les particularités qu'ils représentent sont réunies sur la même fleur ou sur la même plante.

Durée des plantes (3e colonne).

⊙ indique une plante annuelle ou pouvant être cultivée comme telle.

♂ indique une plante bisannuelle, soit à l'air libre, soit sous verre, ou que l'on cultive habituellement comme telle.

♃ indique une plante vivace ou qui peut le devenir par la culture. Ce signe s'applique également aux plantes bulbeuses.

Époques de floraisons (5e colonne).

jv.	Janvier.	m.	Mai.	s.	Septembre.
f.	Février.	j.	Juin.	o.	Octobre.
ms.	Mars.	jt.	Juillet.	n.	Novembre.
av.	Avril.	a.	Août.	d.	Décembre.

RÉSUMÉ DES SIGNES QUI SE RAPPORTENT AUX SEMIS (*)

(4e colonne)

---

1. a Semez sur couche au commencement de Mars.
b — — — de Mars; repiquez sur couche.
c — — — de Mars; repiquez en pot.
d — — — de Mars; repiquez une seule plante par pot.
e — en pot ou en terrine sur couche au commencement de Mars.
f — sur couche ou en pot sur couche dès Janvier-Février; repiquez en pot sur couche.

---

2. a Semez sur couche fin de Mars; repiquez sur couche.
b — — dans le courant d'Avril.
c Repiquez sur couche.
d — en pot ou en terrine.
e Semez en pot ou en terrine sur couche en Mars.
f — — — — en Avril.

---

3. a Semez en pépinière en planche en Mars.
b — — — en Avril.
c — — — en Mai.

---

4. a Semez en place en Mars.
b — — en Avril.
c — — en Mai.
d — — en Juin.

---

5. a Semez en Septembre en place.
b — — en pépinière.
c — — — pour repiquer près d'un abri et couvrir par les gelées continues de —3° à —4°.
d — — — pour repiquer et hiverner en pépinière, ou en terrine ou en pot sous châssis ou en serre.
e Peut encore être semé en Octobre.
f Semez en Août en pépinière en planche, ou en pot ou en terrine.
g — en Août en place.

---

6. a Semez en Juin en pépinière en planche.
b — en Juillet en pépinière en planche.
c — en Juin ou Juillet en pépinière en pot ou en terrine.
d — en Mai en pépinière en planche.
e — en Mai en pépinière en pot ou en terrine.
f — en Août en pépinière en planche.
g Semez en Août en pépinière en pot ou en terrine.
h — en Septembre-Octobre en pépinière en planche.
i — en Septembre-Octobre en pépinière en pot ou en terrine.
j Replantez en pot pour hiverner sous châssis ou en serre.

---

7. a Semez en Juin-Juillet en pépinière en planche.
b — — — en pot ou en terrine.
c — en Avril-Mai en pépinière en planche.
d — — — en pot ou en terrine.
e — — — en planche, pour obtenir la floraison dès la première année.
f — en Avril sur couche, pour obtenir la floraison dès la première année.
g Conservez les racines vivaces, les tubercules ou les vieux pieds dans une serre, une orangerie ou un cellier.
h Couverture de feuille ou autre abri pendant l'hiver.
i Semez dès Février en pépinière en pot ou en terrine sur couche ou en serre.
j — en Août-Septembre en pépinière en planche, ou en pot ou en terrine.

---

8. Repiquez, s'il vous convient, dans la pépinière d'attente.

---

9. Semez en place en pleine terre ou en pot du 15 Juin au 1er Juillet, à demi-ombre, pour avoir chance d'obtenir encore la floraison à la fin de l'été et en automne.

---

10. a Semez en Février en pépinière sous châssis à froid, ou en plate-bande ordinaire abritée d'un châssis; repiquez également sous châssis à froid et mettez en place en Avril.
b — en Février en place et clair sous châssis à froid, qu'on soulèvera et qu'on enlèvera lorsque le temps sera devenu suffisamment doux, en laissant croître les plants sur place.
c — en Février sur couche, et dépanneautez lorsque les gelées ne seront plus à craindre, en laissant croître les plants sur place.
d — en Avril-Mai sur couche et repiquez en pleine terre.

---

11. Élevez et conservez des pieds en pot et les rentrez en serre pour avoir des pieds plus forts l'année suivante.

---

12. a Semez en pépinière en planche, terrine ou pot, en automne ou en hiver en terre saine et légère en plein air.
b — en pépinière en planche, terrine ou pot en automne, mais sous châssis.

---

† Culture des plantes des Alpes.

(*) Voir les pages 5 à 26 pour de plus amples instructions.

Abr

Acat

Ach

Aco

—

—

LISTE GÉNÉRALE *

		Couleur des fleurs.	Hauteur des plantes en centimètres.	Durée des plantes.	Culture.		Époque de floraison.
Abronie. ABRONIA. *Nyctaginées.*							
à fleurs en ombelle.	umbellata........	Ro. Grp.	150	⊙♃	5df. 6ce. 11.		jt o.
Acanthe. ACANTHUS. *Acanthacées.*							
à feuilles molles.	mollis...........	Blr. Fle. Pit.	80	♃	7ca.		jt a.
épineuse.	spinosus.........	Blr. Fle. Pit.	75	♃	7ca.		jt a.
Achillée. ACHILLEA. *Composées.*							
à feuille de Filipendule.	filipendulina......	J.	120	♃⊙	7ca. 1b.		j jt a.
à grande feuille.	macrophylla......	Bl.	50	♃	7ca. 7db. †.		jt a.
millefeuille (1).	millefolium......	Bl.	40	♃	3abc. 4abc. 5abc.		jt s.
musquée.	moschata........	Bl.	60	♃	7ca. †.		a.
Aconit. ACONITUM. *Renonculacées.*							
casque *ou* Napel.	Napellus.........	B.	120	♃	7ca. 7db.		m jt.
— à fleur blanche.	— var. alba.....	Bl.	120	♃	7ca. 7db.		m jt.
à grande fleur.	Camarum........	V.	90	♃	7ca. 7db.		j s.
Anthora.	Anthora.........	Jp.	50	♃	7ca. 7db.		jt a.
d'automne.	autumnale........	Bf.	90	♃	7ca. 7db.		a n.
bicolore.	variegatum *vel* hebegynum......	Ba.	120	♃	7ca. 7db.		jt a.

---

* **NOTA.** Cette Liste aurait pu être beaucoup plus longue, les collections de graines s'étendent à l'infini, mais nous avons cru devoir nous restreindre aux espèces et aux variétés remarquables qu'on rencontre le plus habituellement dans le commerce, et *que nous pouvons presque toujours offrir.* — Chaque année, du reste, nous publierons une liste supplémentaire à nos Catalogues, sur laquelle figureront les graines des plantes intéressantes que nous aurons récoltées ou qui nous seront parvenues depuis l'impression de notre dernier Catalogue.

(1) Peut être employé comme Gazon rustique.

Acroclinium. ACROCLINIUM. *Composées.*					
rose.	roseum..........	Ro. J.	30 ⊙	5d. 1bc. 2ab. 4b.	mj.jjt.jta
— à fleur blanche.	— var. flore albo.	Bl. J.	30 ⊙	5d. 1bc. 2ab. 4b.	mj.jjt.jta
Actæa. ACTÆA. *Renonculacées.*					
à épi.	spicata	Bl.	50 ♃	7ca. 7db.	m j.
Adlumia. ADLUMIA. *Fumariacées.*					
à vrilles.	cirrhosa	Ro. Grp.	200 à 400 ♂	5cd. 5f.	jt s.
Adénophora. ADENOPHORA. *Campanulacées.*					
à feuilles de Lis.	liliifolia *vel* Campanula suaveolens.	Bp.	90 ♃	7ad.	jt a.
Adonide. ADONIS. *Renonculacées.*					
d'été.	æstivalis.........	Rs.	30 ⊙	5a. 4abc.	m j.j jt.
rouge minium *ou* vermillon.	miniata..........	Rv.	30 ⊙	5a. 4abc.	m j. j jt.
de printemps.	vernalis	J.	20 ♃	7db. 6j. †.	ms. av.
Æthionema. ÆTHIONEMA. *Crucifères.*					
du Mont-Liban.	coridifolium......	Ro.	20 ♃	7ca. 6j. †.	j jt.
Agératum. AGERATUM. *Composées.*					
du Mexique.	Mexicanum	Bp.	40 à 60 ⊙ ♃	2abc. 3bc. 5bd.	j a. jt o.
— à fleur blanche.	— album........	Bca.	40 à 60 ⊙ ♃	2abc. 3bc. 5bd.	j a. j o.
— nain.	— nanum	Bp.	20 à 25 ⊙ ♃	2abc. 3bc. 5bd.	j a. j o.
bleu de ciel nain.	cœlestinum nanum.	B.	30 à 50 ⊙	2abc. 3bc. 5bd.	j a. j o.
odorant.	odoratum........	Bll.	30 à 60 ⊙	2abc. 3bc.	jt o.
conspicuum. *Voy.* EUPATOIRE à feuille molle.					
Agrostemma. *Voy.* COQUELOURDE.					
Agrostide. AGROSTIS. *Graminées.*					
capillaire *ou* nébuleuse.	capillaris *vel* nebulosa...........	Ap.	30 à 35 ⊙	5ab. 4bc.	m jt. j s.
élégante. A. pulchella. *Voy.* CANCHE.					
Ail. ALLIUM. *Liliacées.*					
doré.	Moly............	J.	20 ♃	7ca. 7db.	j.
odorant.	fragrans.........	Bl.	60 ♃	7ca. 7db.	m j.
Aira. *Voy.* CANCHE.					
Alcea rosea. *Voy.* ROSE-TRÉMIÈRE.					
Alisme. ALISMA. *Alismacées.*					
Plantain d'eau *ou* Fluteau d'eau.	Plantago	Blr.	60 à 80 ♃ aq.	7ca. 7db.	j s.
Alonzoa. ALONZOA. *Scrofularinées.*					
à feuille incisée.	incisifolia. Hemitomus urticæfolius.	E.	30 à 50 ⊙ ♃.	2abc. 11.	jt o.
de Warscewicz.	Warscewiczii.....	E.	80 ⊙	2abc.	jt s.

Alstrœmère. ALSTROEMERIA. *Amaryllidées.*

du Chili.	pulchella *vel* versicolor..........	Vé.	60 à 100 ♃	7ca. 7bd.	jt s.
orange.	aurantiaca.......	O.	100 ⊙♃	7ca. 7bd.	jt s.

Althæa rosea. *Voy.* ROSE-TRÉMIÈRE.

Alysse. ALYSSUM. *Crucifères.*

corbeille d'or.	saxatile..........	J.	20 à 30 ♃	7ca.	av m.
odorant.	maritimum. Koniga *vel* Clypeola maritima.........	Bl.	20 à 25 ⊙♃	5abc. 4bcd.	m j. jt o.
de Wiersbeck.	Wiersbeckii......	J.	40 ♃	7ca.	m.
des montagnes.	montanum.......	J.	20 ♃	7ca.	m j.
à feuille de Giroflée.	incanum. Berteroa incana........	Bl.	50 ♃	7ca.	j jt.
épineux.	spinosum........	Bl.	15 ♃	7ca. 7db.	m j.

deltoïde. *Voy.* AUBRIÉTIE.

Amarante. AMARANTUS. *Amarantacées.*

tricolore.	tricolor......	Flc. R. J. Vd.	75 à 100 ⊙	2bc. 3c.	j s.
bicolore rouge.	bicolor rubra.	Flc. Rp. Rca.	80 à 100 ⊙	2bc. 3c.	j s.
— jaune.	— lutea.....	Flc. J. Vd.	80 à 100 ⊙	2bc. 3c.	j s.
à feuille rouge.	sanguineus....	Flc. Rbr. Pit.	90 ⊙	2bc. 3c. 4c.	j o.
queue de renard.	caudatus.........	A. Pit.	60 à 80 ⊙	2bc. 3c. 4c.	jt s.
— jaune.	— flore luteo....	Jv. Pit.	60 à 80 ⊙	2bc. 3c. 4c.	jt s.
mélancolique très-rouge.	melancholichus ruberrimus...	Flc. Rs. Pit.	80 à 100 ⊙	2bc. 3c.	j o.
gigantesque.	speciosus.........	A. Pit.	100 à 150 ⊙	4c.	jt s.
à fleurs en tête.	capitatus.........	A.	70 ⊙	2bc. 3c.	j s.

crête de coq. *Voy.* CÉLOSIE.

Amarantoïde. GOMPHRENA. *Amarantacées.*

violette (Immortelle à bouton).	globosa violacea..	V.	30 ⊙	2b. 8.	jt s.
— blanche.	— alba.........	Bl.	30 ⊙	2b. 8.	jt s.
— panachée.	— variegata.....	Bl. V.	30 ⊙	2b. 8.	jt s.
orange.	aurantiaca.......	O.	30 ⊙	2b. 8.	jt s.

Ambrette. *Voy.* CENTAURÉE musquée.

Ammobium. AMMOBIUM. *Composées.*

ailé.	alatum..........	Bl.	50 ⊙♃	5bcd. 2. abc. 6abej.	m s. jt s.

Anagallide (Mouron). ANAGALLIS. *Primulacées.*

frutescent à grande fleur superbe.	fruticosa *vel* grandiflora superba..	R.	50 ⊙♃	5dl. 1b. 2abc. 6gj. 4bc. 11.	m s. jt s.

Anagallide (Mouron). ANAGALLIS (*Suite*).

frutescent de Philips.	fruticosa Philipsii.	B.	30 ⊙♃	5df. 1b. 2abc. 6gj. 4bc. 11.	m s. jt s.
— à grande fl. rose.	— rosea........	Ro.	30 ⊙♃	5df. 1b. 2abc. 6gj. 4bc. 11.	m s. jt s.
— — carnée.	— carnea	C.	30 ⊙♃	5df. 1b. 2abc. 6gj. 4bc. 11.	m s. jt s.
— — lilas.	— lilacea........	L.	30 ⊙♃	5df. 1b. 2abc. 6gj. 4bc. 11.	m s. jt s.

Ancolie. AQUILEGIA. *Renonculacées.*

des jardins double variée.	hortensis flore pleno mixtæ varietates.	Vé.	80 à 100 ♃	7ca. 6a.	m j.
— panachée variée.	— variegata var..	Pé. Vé.	80 à 100 ♃	7ca. 6a.	m j.
— hybride variée.	— hybridæ var...	Vé.	80 à 100 ♃	7ca. 6a.	m j.
— à flle panachée.	formosa Vervaena fol. varieg.	Fle. Rov.	100 ♃	7ca. 6a.	m j.
de Sibérie à fl. double.	Sibirica flore pleno.	B.	30 à 40 ♃	7ca. 6a.	m j.
— — violet rougeâtre.	— var.	Vr.	30 à 40 ♃	7ca. 6a.	m j.
du Canada.	Canadensis.......	R. O.	40 à 50 ♃	7ca. 6a.	m j.
de Skinner.	Skinneri.........	R. Vd.	60 à 80 ♃	7ca. 6a.	m jt.
des Alpes.	Alpina	B.	30 ♃	7ca. 6a†.	jt a.
glanduleuse.	glandulosa.......	Vb. Bl.	50 ♃	7ca. 6a. †.	m j.

Androsace. ANDROSACE. *Primulacées.*

carnée.	carnea	C.	10 ♃	7db. †.	j jt.
de Vitalli.	Vitalliana (Aretia).	J.	10 ♃	7db. †.	m j.

Anchusa. *Voy.* BUGLOSSE.

Anémone. ANEMONE. *Renonculacées.*

des fleuristes.	coronaria.	Vé.	20 ♃	7db. 7ca. 3abc.	m j.
pulsatille.	pulsatilla	V.	20 à 25 ♃	7db. 7ca.	av j.
des montagnes.	montana.........	Vpé.	20 ♃	7db. 7ca. †.	av j.
de printemps.	vernalis	Bl.	10 à 20 ♃	7db. 7ca. †.	j jt.
des Alpes.	Alpina	Bl.	10 à 50 ♃	7db. 7ca. †.	j jt.
— couleur de soufre.	— sulphurea.....	Js.	10 à 50 ♃	7db. 7ca. †.	j jt.
à fleur de Narcisse.	narcissiflora......	Blr.	20 à 30 ♃	7db. †.	j jt.
fraise.	fragifera (Baldensis)	Blr.	15 à 20 ♃	7db. 7ca. †.	m.
de Haller.	Halleri..........	Rov.	10 à 20 ♃	7db. 7ca. †.	j jt.

Ansérine. CHENOPODIUM. *Chénopodées.*

à feuille d'Arroche.	atriplicis.........	Fle. Rbr. Vd.	100 ⊙	4bc.	j s.
belvédère.	scoparium (Kochia).	Vd. Pit.	100 à 150 ⊙	4bc.	jt s.
ambroisie *ou* Thé du Mexique.	ambroisioides	Vd.	80 à 100 ⊙	4bc.	jt s.
botryde.	botrys	Vd.	50 à 80 ⊙	4bc.	j jt.

Anthémis. ANTHEMIS. *Composées.*
d'Arabie. Arabica. Cladanthus proliferus...... O.S. 50 à 60 ⊙ 3b. 4bcd. jt s.
des teinturiers. tinctoria......... J.S. 50 à 100 ♃ 7ca. jt a.
— à fleur blanche. — var. alba . ... Bl.J. 50 à 100 ♃ 7ca. jt a.
grandiflora. *Voy.* CHRYSANTHÈME vivace.
parthenioides. *Voy.* MATRICAIRE mandiane.
frutescent. *Voy.* CHRYSANTHÈME frutescent.

Antirrhinum. *Voy.* MUFLIER.

Aponogéton. APONOGETON. *Naïadées.*
à double épi. distachyum....... Bl. 15 ♃ aq. 7db (*dans l'eau*). m jt.

Aquilegia. *Voy.* ANCOLIE.

Arabette. ARABIS. *Crucifères.*
des sables. arenosa......... L.Rol.C. 15 à 30 ⊙ 5ab. 5fg. 5e. 6abf.
des Alpes. Alpina........... Bl. 20 ♃ 7ca. 7db. ms.av.m.
printanière. verna........... Bl. 20 ♃ 7ca. 7db. ms.av.m.

Arenaria. *Voy.* SABLINE.

Argémone. ARGEMONE. *Papavéracées.*
à grande fl. blanche. grandiflora *vel* albiflora......... Bl. 100 ⊙ 1cd. 2abd. 4bc. jt s.
du Mexique jaune. Mexicana lutea ... Jp. 70 ⊙ 1cd. 2abd. 4bc. jt a.

Armeria. *Voy.* STATICE Armeria.

Arroche. ATRIPLEX. *Chénopodées.*
très-rouge. hortensis var. atrosanguinea... Fle.Rs.Pit. 100 à 200 ⊙ 4bcd. j s.

Arum. *Voy.* GOUET.

Asclépiade. ASCLEPIAS. *Asclépiadées.*
incarnate. incarnata........ Ro. 100 ♃ 7ca. a s.
tubéreuse. tuberosa......... O. 60 ♃ 7ca. jt s.
à la ouate. Syriaca (Cornuti). Blr. Pit. 140 à 200 ♃ 7ca. jt s.
de Curaçao. Curassavica .... E. 60 ⊙♃ 1b. 11. s o.

Aspérule. ASPERULA. *Rubiacées.*
odorante. odorata.......... Bl. 20 ♃ 7ca. m.

Asphodèle. ASPHODELUS. *Liliacées.*
blanc *ou* rameux. albus *vel* ramosus.. Bl.Pit. 100 ♃ 7ca. 7db. m j.
jaune. luteus........... J.Pit. 100 ♃ 7ca. 7db. m j.

Aster. ASTER. *Composées.*
des Alpes. Alpinus.......... Lb. Bp. 10 à 20 ♃ 7ca. j jt.
œil du Christ. amellus.......... Bll. 50 à 60 ♃ 7ca. 7db. a s.
agréable. decorus.......... Vp. 120 ♃ 7ca. s o.
repertus. repertus (bleu)... Vb. 120 ♃ 7ca. s o.
et plusieurs autres espèces et variétés vivaces.

Aster. ASTER (*Suite*).
tenellus. *Voy*. FELICIA.
de la Chine. *Voy*. REINE-MARGUERITE.
à feuille de Tanaisie. *Voy*. MACHÆRANTHERA.

Astragale. ASTRAGALUS. *Papilionacées*.
galégiforme. galegiformis .... Jp. 100 à 120 ♃ 7ca. j jt.
de Montpellier. Monspessulanus... Vpé. 15 à 20 ♃ 7db. 7ca. m j jt.
ver. hamosus......... Fr. 25 à 30 ⊙ 4bc. a s.

Astrance. ASTRANTIA. *Ombellifères*.
petite. minor.......... Blr. 15 à 25 ♃ 7db. 7ca. γ. j jt.
grande. major.......... Blr. 30 à 40 ♃ 7db. 7ca. j jt.

Athanasia. *Voy*. LONAS.

Atriplex. *Voy*. ARROCHE.

Aubergine. *Voy*. MORELLE.

Aubriétie. AUBRIETIA. *Crucifères*.
deltoïde (Alysse deltoïde. deltoidea .... Bv. Lb. 10 à 15 ♃ 7ca. 7db. ms. av.
à fleur pourpre. purpurea (Arabis purpurea)...... Bv. 15 à 20 ♃ 7ca. 7db. av j.

Auricule. *Voy*. PRIMEVÈRE Auricule.

Avoine. AVENA. *Graminées*.
animée *ou* stérile. sterilis .... Ap. Ep. 125 ⊙ 4ab. j a

Baeria. BAERIA. *Composées*.
doré. chrysostoma...... J. 40 ⊙ 5cde. 4bc. 9. j jt. jt a. so

Baguenaudier. COLUTEA. *Papilionacées*.
d'Éthiopie. frutescens (Sutherlandia frutesc.). E. 70 ⊙ ♃ 2abc. 6abcj. m j. a s.
— à grande fleur. — grandiflora.... E. 80 ⊙ ♃ 6abcj. m j.

Balisier. CANNA. *Cannées*.
Canne d'Inde. Indica........ Fle. Pit. R. 160 à 200 ♃ 1abcdef. 2bcdef. 7bdfg. 11. a o. jt o.
comestible. edulis.......... Fle. Pit. Rv. J. 200 ♃ 1abcdef. 2bcdef. 7bdfg. 11. a o. jt o.
cocciné *ou* écarlate. coccinea .... Fle. Pit. E. 100 ♃ 1abcdef. 2bcdef. 7bdfg. 11. a o. jt o.
gigantesque. gigantea .... Fle. Pit. R. J. 200 ♃ 1abcdef. 2bcdef. 7bdfg. 11. a o. jt o.
de Warscewiez. Warscewiczii..... Fle. Pit. Rs. 75 à 100 ♃ 1abcdef. 2bcdef. 7bdfg. 11 a o. jt o.
à fleur bordée. limbata (aureo-vittata)...... Fle. Pit. E. J. 75 à 100 ♃ 1abcdef 2bcdef. 7bdfg. 11. a o. jt o.

Balisier. CANNA (*Suite*).

du Népaul.	Nepalensis	Flc. Pil. Jp.	200 ♃	1abcdef. 2bcdef. 7bdfg. 11.	a o. jt o.

plusieurs autres espèces et variétés.

Balsamine. IMPATIENS. *Balsaminées.*

Camellia *ou* extra double.	Balsamina fl. pl...	Vé.	60 ⊙	2b. 3bc. 8.	j o.

par couleurs séparées.

camellia blanche. — blanche à reflet lilas. — couleur de chair. — feu. — violette.

camellia cramoisie. — ponctuée de violet. — — de feu. — — de rose. — — de cramoisi.

double variée.	Balsamina fl. pl...	Vé.	60 ⊙	2b. 3bc. 8.	j o.

par couleurs séparées.

blanc jaunâtre. couleur de chair soufrée. rose. isabelle. gris de lin.

panachée de feu. — de violet. — de violet clair hâtive. — striée, Solferino.

naine à fl. double.	Balsamina nana fl. pl.	Vé.	25 ⊙	2b. 3bc. 8.	j o.

par couleurs séparées.

naine blanche. — feu. — panachée de feu.

naine panachée de violet. — ponctuée de feu.

glanduligère.	glandaligera	Rve.	150 à 200 ⊙	3bc. 4bc.	jt s.
ne me touchez pas.	noli me tangere...	J.	60 à 100 ⊙	5a. 4b.	j. jt. a.
à trois cornes.	tricornis.........	J. Pé.	80 à 120 ⊙	5a. 4b.	j. jt. a.

Baptisia. *Voy.* PODALYRE.

Barbeau. *Voy.* CENTAURÉE Bleuet des jardins.

Barkhausia. *Voy.* CRÉPIS.

Bartonia. BARTONIA. *Loasées.*

doré.	aurea...........	J.	60 à 70 ⊙	4bc.	jt a.

Basilic. OCIMUM. *Labiées.*

gros vert *ou* commun.	Basilicum.......	Fod.	30 ⊙	1d. 2bc. 3bc. 4c. 8.	j s.
— violet.	— violaceum.....	Fod.	30 ⊙	1d. 2bc. 3bc. 4c. 8.	j s.
fin vert.	— minimum.....	Fod.	20 ⊙	1d. 2bc. 3bc. 4c. 8.	j s.
— violet.	— — violaceum..	Fod.	20 ⊙	1d. 2bc. 3bc. 4c. 8.	j s.
à feuille de Laitue.	— bullatum.....	Fod.	30 ⊙	1d. 2bc. 3bc. 4c. 8.	j s.

et plusieurs autres espèces.

Baume du Pérou. *Voy.* MÉLILOT.

Belle-de-jour. CONVOLVULUS. *Convolvulacées.*

Liseron tricolore.	tricolor..........	B. Bl. J.	30 à 35 ⨀	4bcd. 3bc. 9.	j s.
à fleur blanche.	— fl. albo.......	Bl. J.	30 à 35 ⨀	4bcd. 3bc. 9.	j s.
violette *ou* à grande fleur.	— grandiflora...	B. Bl. J.	30 à 35 ⨀	4bcd. 3bc. 9.	j s.
à fleur panachée.	— fl. variegato..	Bl. Pé. B.	30 à 35 ⨀	4bcd. 3bc. 9.	j s.
à fleur qui double.	— fl. pleno......	B. Bl.	30 à 35 ⨀	4bcd. 3bc. 9.	j s.

Belle-de-nuit. MIRABILIS. *Nyctaginées.*

variée.	Jalapa...........	Vé.	100 ⨀ ♃	3bc. 4bc. 7g.	jt o.
par couleurs séparées.			100 ⨀ ♃	3bc. 4bc. 7g.	jt o.

rouge. blanche.
jaune. panachée rouge et blanc.
panachée rouge et jaune. à feuille panachée.

odorante *ou* à longue fl., Jalap du Mexique.	longiflora........	Bl.	100 ⨀ ♃	3bc. 4bc. 7g.	jt o.
— violette.	— violacea......	V.	100 ⨀ ♃	3bc. 4bc. 7g.	jt o.
hybride variée.	hybrida.........	Vé.	100 ⨀ ♃	3bc. 4bc. 7g.	jt o.

par couleurs séparées.

blanche panachée jaune. lilas à longue fleur.
tricolore.

Bellis perennis. *Voy.* PAQUERETTE.

Benincasa. BENINCASA. *Cucurbitacées.*

cérifère.	cerifera.........	Fr. Grp.	200 à 300 ⨀	2bcde. 4c.	jt a. o.

Benoite. GEUM. *Rosacées.*

écarlate *ou* du Chili.	coccineum *vel* Chilense..........	E.	40 à 50 ♃	7ca.	av j.
des montagnes.	montanum.......	J.	20 ♃	7ca.	j jt.
rampante.	reptans..........	J.	20 ♃	7ca.	jt a.
des ruisseaux.	rivale...........	Rbr.	30 ♃	7ca.	j jt.

Berce. HERACLEUM. *Ombellifères.*

de Perse.	Persicum........	Fle. Pit.	200 ♃	7db. 7ca. 12a.	m j.
de Wilhelms.	Wilhelmsii.......	Fle. Pit.	200 ♃	7db. 7ca. 12a.	j jt.
pubescente.	pubescens........	Fl. Pit.	200 à 300 ♃	7db. 7ca. 12a.	jt.
verruqueuse.	verrucosum......	Fle. Pit.	100 ♃	7db. 7ca. 12a.	j jt.

et plusieurs autres espèces vivaces.

Berteroa. *Voy.* ALYSSE à feuille de Giroflée.

Beta. *Voy.* POIRÉE.

Bidens atrosanguinea *vel* Dahlia Zimapani. *Voy.* DAHLIA Zimapani.

Blette. BLITUM. *Chénopodées.*
effilée. virgatum........ Fr.R. 40 à 60 ⊙ 4bc. jt a.
en tête *ou* capitée
(Epinard fraise). capitatum .... Fr.R. 40 à 60 ⊙ 4bc. jt a.

Bleuet des jardins. *Voy.* CENTAURÉE.

Blitum. *Voy.* BLETTE.

Bocconie. BOCCONIA (MACLEYA). *Papavéracées.*
à feuille en cœur. cordata.......... Blr.Pit. 150 à 200 ♃ 7cab. jt a.

Boulette azurée. *Voy.* Échinope.

Bouquet parfait. *Voy.* ŒILLET de poëte.

Brachycome. BRACHYCOME. *Composées.*
à feuille d'Ibéris. iberidifolia....... Vé. 20 à 40 ⊙ 5d. 1b. 2abc. 4bc. ma.ja.jts.
— à fleur blanche.— alba .... Bl. 20 à 40 ⊙ 5d. 1b. 2abc. 4bc. ma ja.jts.

Brassica. *Voy.* CHOU.

Brize. BRIZA. *Graminées.*
à grande fleur. maxima......... Ep.Ap. 30 à 50 ⊙ 5d. 4bc. m jt. j s.
grêle. gracilis.......... Ep.Ap. 25 à 30 ⊙ 5d. 4bc. m jt. j s.

Brizopyrum. BRIZOPYRUM. *Graminées.*
de Sicile. Siculum (Festuca
unioloides)..... Ap.Ep. 10 à 20 ⊙ 4bc. j jt a.

Browallie. BROWALLIA. *Scrofularinées.*
droite bleue. elata cærulea..... B. 30 à 50 ⊙♃ 2bc. 4c. 11. j s. a o.
— blanche. — alba ... . Bl. 30 à 50 ⊙♃ 2bc. 4c. 11. j s. a o.
de Czerwiakowski. Czerwiakowskii... B. 30 à 50 ⊙♃ 2bc. 4c. 5d. 11. j s. a o.

Brunelle. PRUNELLA. *Labiées.*
à grande fleur. grandiflora....... Bv. 20 ♃ 7ca. jt s.

Bryone. BRYONIA. *Cucurbitacées.*
dioïque. dioïca.......... Blj.Grp. 250 à 300 ♃ 7ca. 5b. 6f. j jt.

Buglosse. ANCHUSA. *Borraginées.*
toujours verte. sempervirens..... B. 100 ♃ 7ca. m jt.
d'Italie. Italica........... B. 100 à 150 ♃ 5a. 7ca. m a.

Bugrane. ONONIS. *Papilionacées.*
à feuille ronde. rotundifolia...... Ro. 50 ♃ 7db. m jt.
gluante. natrix........... J.Sé.R. 50 ♃ 7db. m j.

Buphthalme. BUPHTHALMUM. *Composées.*
·à feuille en cœur. speciosum (Telekia
cordifolia)..... J.Pn. 120 ♃ 7ca. jt a.

Butôme. BUTOMUS. *Butomées.*
Jonc-fleuri. umbellatus....... Blr. 70 à 80 ♃ aq. 7db. j. a.

Cacalie (Emilia). CACALIA. *Composées.*
écarlate. sonchifolia coccinea. E. 40 ⊙ 3bc. 4bc. jt s.
orange. — auriantaca.... O. 40 ⊙ 3bc. 4bc. jt s.

Cajophora. *Voy.* LOASA.

Calampelis. *Voy.* ECCREMOCARPUS.

Calandrinie. CALANDRINIA. *Portulacées.*

élégante *ou* à grande fleur.	elegans *vel* discolor et grandiflora...	Rov.	30 à 60	⊙ ♃	3bc. 4bc.	jt s.
en ombelle.	umbellata........	Rov.	15 à 20	⊙ ♃	5a. 2e. 4ec.	j a. jt s.
speciosa *ou* de Lindley.	speciosa.........	Rov.	30 à 40	⊙	4bc.	j jt.

Calcéolaire. CALCEOLARIA. *Scrofularinées.*

herbacées et ligneuses.

mélange de belles variétés hybrides.	Youngi hybrida...	Ve.	50 à 60	♃	6bcfj.	m j.
rugueuse variée.	rugosa..........	Ve.	50 à 75	♃	6bcj. 11.	j jt s.
— hybride.	— hybrida......	Ve.	70	♃	6bcj.	m. jt.
à feuille de Plantain.	subcrecta *vel* plantaginea........	J.	40	♃	6bcfj. 11.	m j.
à f. de Scabieuse.	scabiosæfolia......	J.	30 à 60	⊙	5d. 2ac. 4bc.	av m. jt a.

Calebasse de pèlerin. *Voy.* COURGE pèlerine.

Calendula. *Voy.* SOUCI.

Callichroa (Lasthenia). CALLICHROA. *Composées.*

à larges ligules.	platyglossa (Lasthenia glabrata)...	J.	15 à 25	⊙	3bc. 4bc. 5bc.	j jt a.

Douglasii. *Voy.* OXYURA.

Calliopsis. *Voy.* COREOPSIS.

Callirrhoe. CALLIRRHOEA. *Malvacées.*

à feuille pedalée.	pedata..........	Rov. P.	80 à 100	⊙	2abd. 4bc.	jt o.
— nain.	— nana.........	Rov.	40 à 50	⊙	2abd. 4bc.	jt o.
à involucre.	involucrata *vel* verticillata........	Rov. P.	80	♃	1bcde. 2ab. 6bcj. 7df. 10a.	jt s.

Callistephus. *Voy.* REINE-MARGUERITE.

Calomeria. *Voy.* HUMEA.

Calonyction speciosum. *Voy.* IPOMÉE remarquable.

Caltha. CALTHA. *Renonculacées.*

des marais.	palustris.........	J.	20 à 30	♃ aq	7ca. 6eg.	av j.

Campanule. CAMPANULA. *Campanulacées.*

pyramidale bleue.	pyramidalis......	Bp.	150 à 200	♃	7a. 7b.	jt s.
— blanche.	— alba.........	Bp.	150	♃	7a. 7b.	jt s.
à grosse fleur violacée. Violette marine.	medium..........	V.	40 à 60	♂	6d. 5bc.	j jt.

Campanule. [illegible]

[illegible]

Campanule. CAMPANULA (*Suite*).

à large feuille.	latifolia	Bf.	50 à 80 ♃	7db. 7ca.	jt a.
— à fleur blanche.	— alba	Bl.	50 à 80 ♃	7db. 7ca.	jt a.

odorante (C. suaveolens). *Voy.* ADENOPHORA.
et plusieurs autres espèces et variétés.

Canche. AIRA. *Graminées.*

élégante.	pulchella (Agrostis pulchella)	Ap.	15 à 20 ⊙	5abc. 4bc. 3b. 9.	m jt. j a.

Canna. *Voy.* BALISIER.

Cantua. *Voy.* IPOMOPSIS.

Capsicum capsicastrum. *Voy.* MORELLE à fruit de Capsicum.

Capucine. TROPÆOLUM. *Tropæolées.*

grande.	majus...........	J. O. Mé. P.	200 ⊙	3bc. 4bc.	j s.
— brune.	— bruneum	Rbr.	200 ⊙	3bc. 4bc.	j s.
— panachée.	— variegatum ...	J. O. Sé. P.	200 ⊙	3bc. 4bc.	j s.
— de Scheuer.	— Scheuerianum .	Jp. Br.	200 ⊙	3bc. 4bc.	j s.
— saumon (carnée)	— — carneum...	Cv. Js.	200 ⊙	3bc. 4bc.	j s.
— jaune citron *ou* orange (Dunnett).	— aurantiacum *vel* citrinum......	Jc.	200 ⊙	3bc. 4bc.	j s.
— var. naine rouge (Tom-Pouce)....		Rv.	30 à 40 ⊙	3bc. 4bc.	jt s.
— — naine jaune (Tom-Pouce jaune).		Jc.	30 à 40 ⊙	3bc. 4bc.	jt s.
— — naine brune *ou* cramoisie de Cattell..................		Rbr. Mo.	30 à 40 ⊙	3bc. 4bc.	jt s.
— — naine blanche (la perle).......		Blc. Blj.	30 à 40 ⊙	3bc. 4bc.	jt s.
— — naine, roi des Tom-Pouce.....		E. Rv.	30 à 40 ⊙	3bc. 4bc.	jt s.
— — naine panachée *ou* de Schilling.		J. P.	30 à 40 ⊙	3bc. 4bc.	jt s.
— — naine rose (chamois rosé *ou* saumoné).................		Sa.	30 à 40 ⊙	3bc. 4bc.	jt s.
de Lobb, hybride variée.	Lobbianum hybrid	Vé.	500 ⊙♃	3bc. 4bc. 11.	j s.
— — la Brillante.	— —	Rv.	500 ⊙♃	3bc. 4bc. 11.	j s.
— — Lucifer.	— —	Rv.	500 ⊙♃	3bc. 4bc. 11.	j s.
petite.	minus..........	O. J. Mé. P.	30 à 60 ⊙	3bc. 4bc.	j s.
— à fleur écarlate.	— coccineum.....	E.	30 à 60 ⊙	3bc. 4bc.	j s.
des Canaries. Pagarille.	aduncum *vel* peregrinum........	Js. Jc.	300 ⊙	3bc. 4bc.	jt n

Capsicum. *Voy.* PIMENT.

Carafée. *Voy.* GIROFLÉE jaune (Cheiranthus cheiri).

Cardamine. *Voy.* CRESSON.

Cardiosperme. CARDIOSPERMUM. *Sapindées.*

Pois de cœur.	halicacabum......	Bl.	120 ⊙	2abc. 4bc.	jt o.

Carduus. *Voy.* CHARDON.

Carline. CARLINA. *Composées.*

acaule.	acaulis.........	Jp.	20 ♃	7db.5bf.†	j jt.

Carthame. CARTHAMUS. *Composées.*

des teinturiers. Safran bâtard.	tinctorius........	S.O.	60 à 90 ⊙	4bcd.	a s.

Cataleptique. *Voy.* PHYSOSTÉGIE de Virginie.

Catananche. *Voy.* CUPIDONE.

Célosie. CÉLOSIA. *Amarantacées.*

crête de coq. Passe-velours, variée.	cristata, mixtæ varietates........	Vé.	50 à 60 ⊙	2bc.	j s.

par couleurs séparées.

amarante.	chamois.
pourpre.	jaune d'or.
rouge Pivoine.	naine rouge.
feu.	— jaune.
rose.	— rose.
violette argentée.	

à épi rose.	margaritacea.....	Ro.	40 à 50 ⊙	2a, 2bc.	jt o.
à panache cramoisi *ou* pyramidale pourpre (feathered crimson).	paniculata plumosa *vel* pyramidalis purpurea......	E. Cr.	40 à 60 ⊙	2a.	jt o.

Centaurée. CENTAUREA. *Composées.*

Bleuet des jardins *ou* barbeau varié et panaché.	Cyanus..........	Vé.	90 à 100 ⊙♂	5abc.3ab.4abc.	m jt. jt s.
— vivace.	montana.........	B.	30 à 40 ♃	7ca.	m j.
déprimée.	depressa.........	B.R.	40 à 50 ⊙	5bc. 3abc. 4abc.	av m jt. ja
musquée, Ambrette violette.	moschata........	Vp.	50 à 70 ⊙	3bc. 4bc.	jt o.
— blanche.	— alba..........	Bl.	50 à 70 ⊙	3bc. 4bc.	jt o.
odorante *ou* barbeau jaune.	Amberboï........	Jc.	30 à 50 ⊙	2bc. 3bc. 4bc.	jt a.
macrocéphale *ou* à grosse tête.	macrocephala.....	J.	80 à 90 ♃	7ca.	jt a.
d'Amérique.	Americana.......	L.	100 à 120 ⊙	5d. 2bc.	jt s. a s.
plumeuse.	Phrygia.........	Rov.	40 à 50 ⊙	7ca.	jt a.
d'Orient jaune.	Orientalis........	Jp.	100 ♃	7ca.	jt a.
de Babylone.	Babylonica.......	Pit.J.	150 à 200 ♃	7cab. 7db. 5c. 6abcdej.	jt s.

Centaurea Rhapontica. *Voy.* Rhapontic.

Centauridium. CENTAURIDIUM. *Composées.*
de Drummond. Drummondii...... J. 80⊙ 2b. jt s.

Centranthus. *Voy.* VALÉRIANE rouge et VALÉRIANE macrosiphon.

Cephalaria alpina. *Voy.* SCABIEUSE des Alpes.

Cérinthe. CERINTHE. *Borraginées.*
grand. major (aspera).... Fle.J.Br.30 à 50⊙ 4bc. jt s.
petit. minor........... J.Br. 25 à 40 ♃ 7ca.7db.✝. j jt a.

Chamæmelum. CHAMÆMELUM. *Composées.*
disciforme. disciforme .... J. 30 à 40 ♃ 7cd. j a.

Chardon. CARDUUS. *Composées.*
Marie. Marianus. Sylibum
Marianum.... Fle.Pil.Mé.Bl.150⊙♂ 4bf.5af.6g. av o.

Charleis. *Voy.* KAULFUSSIA.

Châtaigne d'eau. *Voy.* MACRE.

Cheiranthus. *Voy.* GIROFLÉE et JULIENNE de Mahon.

Chelone. *Voy.* GALANE.

Chenille. SCORPIURUS. *Papilionacées.*
petite. muricata .... Fr. 15⊙ 4bc. jt a. s o.
grosse. vermiculata...... Fr. 15⊙ 4bc. jt a. s o.
rayée. sulcata.......... Fr. 15⊙ 4bc. jt a. s o.
velue. subvillosa........ Fr. 15⊙ 4bc. jt a. s o.

Chenopodium. *Voy.* ANSÉRINE.

Chénostome. CHOENOSTOMA. *Scrofularinées.*
multiflore. polyanthum...... Blr. 20⊙ 5d.2ab. m jt. j a.
fastigié. fastigiatum....... Ro. 20⊙ 5d.2ab. m a. jt o.
— à fleur blanche. — album........ Bl. 20⊙ 5d.2ab. m a. jt o.

Chlora. CHLORA. *Gentianées.*
à grande fleur. grandiflora....... J. 30⊙♂ 6cdej.5abfg. j a. av j.

Choin. SCHOENUS. *Cypéracées.*
Marisque. Mariscus......... Ap.Br. 120⊙aq. 7ca. j a.

Chou. BRASSICA. *Crucifères.*
frisé vert. oleracea acephala,
crispa......... Fle. 120⊙♂ 3c.6a. n jv.
— — à pied court. — — — nana... Fle. 40 à 50⊙♂ 3c.6a. n jv.
— rouge. — — — atropur-
purea......... Fle. 120⊙♂ 3c.6a. n jv.
— — à pied court. — — — — nana Fle. 40 à 50⊙♂ 3c.6a. n jv.

Chou. BRASSICA (*Suite*).

frisé prolifère *ou* à aigrette.	— — — prolifera.	Fle.	60 ⊙	3c. 6a.	n jv.
— panaché rouge.	— — — variegata rubra	Fle. Pé. R.	60 ⊙	3c. 6a.	n jv.
— — blanc.	— — — — alba. .	Fle. Pé. Bl.	60 ⊙	3c. 6a.	n jv.
lacinié panaché	laciniata variegata.	Fle. Pé.	60 ⊙	3c. 6a.	n jv.
palmier.	palmifolia.	Fle.	180 ⊙	6c. 6ab.	n jv.
frisé de Naples.	caulo-rapa Neapolitana.........	Fle.	40 ⊙	3c. 6a.	n jv.
rave à feuille d'Artichaut.	— cynaræfolia ...	Fle.	40 ⊙	3c. 6a.	n jv.

Chrysanthème. CHRYSANTHEMUM. *Composées.*

des jardins.	coronarium	J.	120 ⊙♃	3bc. 4bc. 8. 11.	j s.
— à fleur blanche.	— album.........	Bl.	120 ⊙♃	3bc. 4bc. 8. 11.	j s.
— — double jaune.	— fl. pl. luteo....	J.	120 ⊙♃	3bc. 4bc 8. 11.	j s.
— — — — nain.	— fl. pl. var.....	J.	75 ⊙♃	3bc. 4bc. 8. 11.	j s.
— — — blanche.	— fl. pl. albo. ...	Blc.	120 ⊙♃	3bc. 4bc. 8. 11.	j s.
multicaule.	multicaule	J.	20 à 25 ⊙	4ab. 9.	j a.
à carène blanc.	tricolor *vel* carinatum album.....	Bl. J. N.	50 ⊙	1c. 3b. 4bc. 8. 9.	j a.
— jaune.	— luteum.......	J. N.	50 ⊙	1c. 3b. 4bc. 8. 9.	j a.
— de Burridge.	— Burridgeanum.	Bl. P. J. Br.	50 ⊙	1c. 3b. 4bc. 8. 9.	j a.
— gracieux.	— venustum.....	P. J. Br.	50 ⊙	1c. 3b. 4bc. 8. 9.	j a.
— à fleur double blanche.	— Dunnettii fl. pl.	Blc.	50 ⊙	1c. 3b. 4bc. 8. 9.	j a.
— — — jaune.	— — fl. luteo pl..	J.	50 ⊙	1c. 3b. 4bc. 8. 9.	j a.
— à anneaux.	— annulatum....	J. P. Br.	50 ⊙	1c. 3b. 4bc. 8. 9.	j a.
vivace d'automne dit de l'Inde, de Chine *ou* du Japon.	Indicum. Anthemis grandiflora *vel* Pyrethrum Indicum.	Vé.	50 à 100 ♃	7ca. 7db. 7f. 8.	o n.
frutescent.	frutescens........	Bl. J.	40 à 60 ⊙♃	7fe. 5d. 11.	jt a o.
carné (Pyrèthre).	carneum (Pyrethrum)........	Ro. C.	50 à 60 ⊙♃	7caf. 4bcd. 5b.	m j. s o.
— à fleur rose.	— var. roseum...	Ro. Vé.	50 à 60 ⊙♃	7caf. 4bcd. 5b.	m j. s o.
— — — double *ou* qui double.	— — — flore pl.	Ro. Vé.	50 à 60 ⊙♃	7caf. 4bcd. 5b.	m j. s o.

Chryseis. *Voy.* ESCHOLTZIE.

Chrysocéphale. CHRYSOCEPHALUM. *Composées.*

à feuilles apiculées.	apiculatum........	Jo.	30 à 40 ⊙♃	5d. 2abcf.	j n. a n.

Chrysocome. CHRYSOCOMA. *Composées.*

doré.	coma aurea.......	J.	50 ♃	7cah. 7bdh. 6abdj. 6cej.	m jt.

Chrysurus cynosuroides. *Voy.* LAMARCKIA.

Cinéraire. CINERARIA. *Composées.*

maritime.	maritima........	Fle. J.	40 à 80 ♃	6adhj. 6cej.	m o.
hybrides, mélange de très-belles var.	hybrida (cruenta, var.)..........	Vé	60 ♃	6cej. 6abj.	f m. m jt.
— naines.	— nana.........	Vé.	25 à 30 ♃	6cej. 6abj.	f m. m jt.

Cirse. CIRSIUM. *Composées.*

oléracé.	oleraceum	Jp.	100 à 150 ♃	7ca.	jt a.

Cistus. *Voy.* HÉLIANTHÈME.

Cladanthus. *Voy.* ANTHÉMIS d'Arabie.

Clarkia. CLARKIA. *OEnothérées.*

pulchella rose.	pulchella	Ro.	40 à 50 ⊙	5abc. 3ab. 4ab. 9.	m jt. j s.
— nain (Tom-Pouce) rose.	— nana..........	Ro.	30 à 40 ⊙	5abc. 3ab. 4ab. 9.	m jt. j s.
— blanc.	— alba..........	Bl	40 à 50 ⊙	5abc. 3ab. 4ab. 9.	m jt. j s.
— — nain.	— — nana......	Bl.	30 à 40 ⊙	5abc. 3ab. 4ab. 9.	m jt. j s.
— rose b^de de blanc.	— marginata	Ro. Bl.	40 à 50 ⊙	5abc. 3ab. 4ab. 9.	m jt. j s.
— à fleur rose foncé *ou* vif.	— pulcherrima ..	Rov.	30 à 40 ⊙	5abc 3ab. 4ab. 9.	m jt. j s.
— à pétales entiers.	— integripetala...	Ro.	30 à 40 ⊙	5abc. 3ab. 4ab. 9.	m jt. j s.
— — — nain (Tom Pouce).	— — nana......	Ro.	30 à 40 ⊙	5abc. 3ab. 4ab. 9.	m jt. j s
— — — — à fleur blanche.	— — — alba ...	Bl.	30 à 40 ⊙	5abc. 3ab. 4ab. 9.	m jt. j s.
— à fleur double.	— flore pleno. ...	Ro.	30 à 40 ⊙	5abc. 3ab. 4ab. 9.	m jt. j s.
— — — blanche.	— integripetala fl. albo pleno ..	Bl.	30 à 40 ⊙	5abc. 3ab. 4ab. 9.	m jt. j s.
élégant rose *ou* violet.	elegans..........	Rov.	50 à 60 ⊙	4abc. 5ab. 3ab. 9.	j s.
— à fleur rose *ou* violet double.	— flore rose pleno.	Rov.	50 à 60 ⊙	4abc. 5ab. 3ab. 9.	j s.
— — blanche *ou* carnée.	— — carneo	C.	50 à 60 ⊙	4abc. 5ab. 3ab. 9.	j s.
— blanc *ou* carné double.	— — — pleno...	C.	50 à 60 ⊙	4abc. 5ab. 3ab. 9.	j s.

Clématite. CLEMATIS. *Renonculacées.*

à feuille entière.	integrifolia.......	B.	50 à 70 ♃	7ca.	j jt.
droite.	recta............	Bl.	100 ♃	7ca.	jt.
du Mogol.	tubulosa.........	Bp.	100 ♃	7ca.	s.

Cléome. CLEOME. *Capparidées.*

épineux.	spinosa..........	Blr.	100⨀♃	2bd. 1cd. 11.	jt o.
violet.	pungens *vel* arborea?........	V.	120⨀♃	2bd. 1cd. 11.	jt o.

Clintonie. CLINTONIA. *Lobéliacées.*

délicate.	pulchella......	B. Pé. Br.	15⨀	5df. 4bcd. 1bc. 3bc. 9.	m a. j s.
— à fleur blanche.	— alba........	Bl. J.	15⨀	5df. 4bcd. 1bc. 3bc. 9.	m a. j s.
élégante.	elegans.........	B. Pé.	15⨀	5df. 4bcd. 1bc. 3bc. 9.	m a. j s.

Clypeola. *Voy.* ALYSSE odorant.

Cobée. COBÆA. *Polémoniacées.*

grimpante.	scandens.........	V.	700 à 800⨀♃	1d. 2bd. 7fi. 11	jt o.

Cochlearia acaulis. *Voy.* IONOPSIDIUM.

Coix. *Voy.* LARMES DE JOB.

Colchique. COLCHICUM. *Mélanthacées.*

d'automne.	autumnale.......	Rov.	10 ♃	7db. 7ca.	s o.

Collinsia. COLLINSIA. *Scrofularinées.*

à grande fleur.	grandiflora.......	Bv.	30⨀	5ab. 3ab. 4abc. 9.	m j. j a.
bicolore.	bicolor..........	L. Bl.	30⨀	5ce. 4abc. 3ab. 9.	m j. j jt.
— blanc et rose.	— var..........	Ro. Bl.	30⨀	5ce. 4abc. 3ab. 9.	m j. j jt.
à fleur blanc pur.	candidissima.....	Bl.	30⨀	5ce. 4abc. 3ab. 9.	m j. j jt.
multicolore.	multicolor.......	Bl. V. L.	30⨀	5ce. 4abc. 3ab. 9.	m j. j jt.
— à fleur marbrée.	— marmorata....	Bl. L. Cm.	30⨀	5ce. 4abc. 3ab. 9.	m j. j jt.
printanier.	verna...........	Ba. Bl.	25⨀	5abcde.	ms m.
à fleurs en corymbe.	corymbosa.......	Bl. Bp.	20 à 25⨀	5abcde. 4abc.	av m j jt.

Collomia. COLLOMIA. *Polémoniacées.*

écarlate.	coccinea.........	E.	20 à 30⨀	5ab. 4abc.	j jt. j s.

Coloquinte. CUCURBITA. *Cucurbitacées.*

orange.	Pepo aurantiiformis...........	Fr. Grp.	400⨀	3bc. 4bc.	j o.
poire blanche.	— piriformis alba.	Fr. Grp.	400⨀	3bc. 4bc.	j o.
— rayée.	— — striata	Fr. Grp.	400⨀	3bc. 4bc.	j o.
— bicolore à anneau vert.	— — annulata...	Fr. Grp.	400⨀	3bc. 4bc.	j o.
galeuse.	— verrucosa.....	Fr. Grp.	400⨀	3bc. 4bc.	j o.
maliforme.	— maliformis....	Fr. Grp.	400⨀	3bc. 4bc.	j o.
— *ou* pomme hâtive (early apple egg).	— — var.......	Fr. Grp.	400⨀	3bc. 4bc.	j o.
oviforme blanche.	— oviformis.....	Fr. Grp.	400⨀	3bc. 4bc.	j o.

et plusieurs autres variétés annuelles.

vivace.	perennis......	Grp. Fle.	500 à 1200 ♃	7cab. 7db. 7h.	jt o.

Colutea. *Voy.* BAGUENAUDIER.

Comméline. COMMELINA. *Commélinées.*
tubéreuse. tuberosa......... B. 50 à 60 ⊙ ♃ 7fg. 2abc. j s.

Concombre. CUCUMIS. *Cucurbitacées.*
serpent. flexuosus....... Fr. Grp. 150 à 200 ⊙ 2bcde. 4e. jt s.
Dudaïm *ou* odorant. Dudaim *vel* odoratissimus....... Fr. 200 ⊙ 2bcde. 4e. s. o.
Chaté *ou* d'Égypte. Chate............ Fr. 90 ⊙ 2bcde. 4e. s. o.
dipsacé. dipsaceus......... Fr. 150 ⊙ 2bce. s. o.
metulifère. metuliferus...... Fr. 150 ⊙ 2bce. s. o.
d'attrape. *Voy.* MORMODIQUE.
vivace. Cucumis perennis. *Voy* COLOQUINTE vivace.

Convallaria. *Voy.* MUGUET.

Consoude. SYMPHYTUM. *Borraginées.*
officinale. officinalis........ Rv. 30 à 60 ♃ 5ab. 7ca. m j jt.
hérissée *ou* rude. asperrimum...... Rol. 70 ♃ 5ab. 7ca. m j jt.

Convolvulus tricolor. *Voy.* BELLE-DE-JOUR.

Coquelicot. *Voy.* PAVOT Coquelicot.

Coquelourde. AGROSTEMMA. *Silénées.*
des jardins, rouge. Coronaria. Lychnis Coronaria...... P. 90 ♃ ⊙ 7ca. 6ad. j a.
— blanche à cœur rose. — var. alba rosea. Bl. Ro. 90 ♃ ⊙ 7ca. 6ad. jt a.
fleur de Jupiter. flos Jovis. Lychnis flos Jovis..... Ro. 50 ♃ 7ca. 6ad. †. j.
rose du ciel. cœli rosa. Viscaria cœli rosa. Lychnis cœli rosa.... Ro. 40 à 50 ⊙ 5de. 4bc. m jt. j a.
— pourpre. — purpurea..... Cm. Vé. 30 à 50 ⊙ 5de. 4bc. m jt. j a.
— blanche. — alba.......... Bl. 30 à 50 ⊙ 5de. 4bc. m jt. j a.
— naine. — nana......... Ro. 20 à 25 ⊙ 5de. 4bc. m jt. j a.
— — à pétales frangés. — — fimbriata.. Ro. 20 à 25 ⊙ 5de. 4bc. m jt. j a.
— — — lilas. — — — lilacina. Rol. 20 à 25 ⊙ 5de. 4bc. m jt. j a.
de Laponie. *Voy.* LYCHNIS.

Coqueret. PHYSALIS. *Solanées.*
officinal. Alkekengi....... Fr. R. 30 à 60 ♃ 3bc. 4bc. a s.

Corbeille d'or. *Voy.* ALYSSE corbeille d'or.

Corbeille d'argent. *Voy.* ALYSSE odorant, ARABETTES printanière et des Alpes, CYNOGLOSSE à feuille de Lin, THLASPI toujours vert.

Coréopsis. COREOPSIS. *Composées.*
élégant. tinctoria. Calliopsis tinctoria.... J. Br. 70 à 80 ⊙ 5abc. 3abc. 4bc. 8. j jt. jt a.
— pourpre. tinctoria purpurea. P. Br. 70 à 80 ⊙ 5abc. 3abc. 4bc. 8. j jt. jt a.

Coréopsis. CORÉOPSIS (*Suite*).

élégant à fl. marbrée.	tinctoria marmorata.	J. Br. Mo.	80	⊙	5abc. 3abc. 4bc. 8.	j jl. jl a.
— très-nain.	— pumila.......	J. Br. Mo.	25	⊙	5abc. 3abc. 4bc. 8.	j s. jt a.
à feuille de Cardamine, hybride.	cardaminefolia hybrida..........	Jb.	50 à 60	⊙	5abc. 3ab. 4b. 8.	j jl. jl a.
peint *ou* de Drummond.	picta *vel* diversifolia..........	J.	40 à 60	⊙	5ab. 5cf. 2abc. 3bc. 4cd. 8.	j jl. jl a.
couronné.	coronata........	J.	40 à 50	⊙	5ab. 5cf. 2abc. 3bc. 4cd 8.	j a. jl s.
à feuilles auriculées.	auriculata	J.	40 à 60	♃	7ca. 7db.	jt o.
à longs pédoncules.	longipes.........	J.	35 à 50	♃	7ca. 7db.	j o.

Cornaret. *Voy.* MARTYNIA.

Coronille. CORONILLA. *Papilionacées.*

bigarrée.	varia............	L. Blr.	20 à 50	♃	7ca.	m jl s.

Cortuse. CORTUSA. *Primulacées.*

de Matthiole.	Matthioli........	Cm. Pn.	20 à 30		7db. 6gij. 12b. ✝.	m j.

Corydale (Fumeterre). CORYDALIS. *Fumariacées.*

jaune.	lutea...........	J.	20 à 30	♃	7ca. 7db.	m. s.
— clair.	ochroleuca.......	Blj.	20 à 30	♃	7ca. 7db.	m. s.

Cosmanthe. COSMANTHUS. *Hydrophyllées.*

frangé.	fimbriatus	Bp.	30 à 35	⊙	4ab.	j s.

Cosmidium. COSMIDIUM. *Composées.*

de Burridge, à grande fleur.	Burridgeanum....	P. J.	70 à 80	⊙	5d. 3bc 2abc.	j jt. jt s.

Cosmos. COSMOS. *Composées.*

bipinné à grande fleur pourpre.	bipinnatus var. purpureus........	P.	100 à 120	⊙	3b. 2b.	j o.

diversifolius. *Voy.* DALHIA Zimapani.

Coton. GOSSYPIUM. *Malvacées.*

herbacé.	herbaceum.......	Fr.	80	⊙♃	2bcd.	s o.
nankin.	fulvum?.........	Fr.	80	⊙♃	2bcd.	s o.

Cougourde. *Voy.* ci-après COURGE.

Courge. CUCURBITA. *Cucurbitacées.*

bouteille *ou* pèlerine, Cougourde *ou* Calebasse de pèlerin.	Lagenaria........	Grp. Fr.	300	⊙	2b. 4c.	j o.
— très-grosse *ou* gigantesque.	— maxima......	Grp. Fr.	300	⊙	2b. 4c.	j o.
plate de Corse *ou* Corsoise.	— depressa......	Grp. Fr.	300	⊙	2b. 4c.	j o.

Courge. CUCURBITA (*Suite*).

poire à poudre.	Lagenaria pyrotheca...........	Grp. Fr.	300 ⊙	2b. 4c.	j o.
siphon *ou* entonnoir.	— sypho........	Grp. Fr.	300 ⊙	2b. 4c.	j o.
massue d'Hercule *ou* trompette.	— clavæformis...	Grp. Fr.	300 ⊙	2b. 4c.	j o.
— très-longue, Cougourde.	— longissima....	Grp. Fr.	300 ⊙	2b. 4c.	j o.
de Siam *ou* Melon du Malabar.	melanosperma....	Grp. Fr.	3 à 600 ⊙	2b. 4c.	j o.
à la moelle.	Pepo	Grp. Fr.	2 à 300 ⊙	2b. 4c.	s o.
d'Italie var. coureuse.	— Italica........	Fr.	40 ⊙	2b. 4c.	s o.

Couronne impériale. *Voy.* FRITILLAIRE.

Craniolaria. *Voy.* MARTYNIA.

Crépide. CREPIS. *Composées.*

rose.	rubra. Barkhausia rubra.........	Ro.	30 à 35 ⊙	5abc. 3bc. 4bc.	m j. j jt.
blanche	— var. alba.....	Bl.	30 à 35 ⊙	5abc. 3bc. 4bc.	m j. j jt.
barbue.	barbata. Tolpis barbata	J.	40 à 50 ⊙	3bc. 4bc.	j s.

Cresson. CARDAMINE. *Crucifères.*

des prés.	pratensis	L.	30 à 40 ♃	7db. 7ca.	av. m.

Crête de coq. *Voy.* CÉLOSIE Crête de coq.

Croix de Jérusalem. *Voy.* LYCHNIS Croix de Jérusalem.

Crucianelle. CRUCIANELLA. *Rubiacées.*

à long style.	stylosa..........	Ro. Pn.	20 à 30 ♃	7ca.	j jt.

Cucumis. *Voy.* CONCOMBRE et COLOQUINTE.

Cucurbita Pepo. *Voy.* COURGE et COLOQUINTE.

Lagenaria. *Voy.* COURGE.

Cuphea. CUPHEA. *Lythrariées.*

silénoïde.	silenoides........	Vf.	40 à 50 ⊙	2bc. 3bc.	j o.
pourpre varié.	purpurea	Vé.	35 à 40 ⊙♃	2bc. 3bc.	j o.
— nain.	— nana..........	Vé.	20 à 25 ⊙♃	2bc. 3bc.	j o.
à large éperon.	platycentra (ignea).	E. Jv.	25 à 30 ⊙♃	5df. 1b. 7f. 11.	j n. a n.
strigulosa.	strigulosa......	Ro.	30 ⊙♃	1b. 7f. 11.	jt n.

Cupidone. CATANANCHE. *Composées.*

bleue.	cærulea	B.	60 à 70 ♃	7ca. 7f. 5c.	j s. a s.
blanche.	— alba *vel* bicolor.	Bl. Vf.	60 à 70 ♃	7ca. 7f. 5c.	j s. a s.

Cyclamen. CYCLAMEN. *Primulacées.*

d'Europe.	Europæum......	Ro.	10 ♃	7dbh. 5d. 12b.	a s.
— blanc.	— album........	Bl.	10 ♃	7dbh. 5d. 12b.	a s.
— varié.	— mixtæ var....	Vé.	10 ♃	7dbh. 5d. 12b.	a s.
de Naples *ou* à feuille de Lierre.	hederæfolium.....	Ro.	10 ♃	7dbh. 5d. 12b.	a s.

Cyclanthère. CYCLANTHERA. *Cucurbitacées.*
à feuilles pédalées. pedata .... Grp.Fle. 4 à 500 ⊙ 2abcde. jt o.

Cymbalaire. *Voy.* LINAIRE Cymbalaire.

Cynoglosse. CYNOGLOSSUM. *Borraginées.*
à feuille de Lin, argentine. linifolium. Omphalodes linifolia... Bl. 30 ⊙ 4abcd.5ab. jt s.

Dahlia. DAHLIA. *Composées.*
double varié. variabilis .... Vé. 200 ⊙♃ 2abcd. 7fg. a o.
cocciné. coccinea .... E. 100 ⊙♃ 1b, 2ab. 7f. jt o.
de Zimapan. Zimapani (Bidens atrosanguinea, Cosmos diversifol. N. Vp. ⊙♃ 1b, 2abcde. jt o.

Datura. DATURA. *Solanées.*
Pomme épineuse d'Egypte à fleur double violette. fastuosa fl. pleno violaceo .... V. 50 à 100 ⊙ 2abcd. 4c. 1bcd. a o.
— à fleur double blanche. — fl. albo pleno.. Bl. 50 à 100 ⊙ 2abcd. 4c. 1bcd. a o.
cornu. ceratocaula ...... Bl. 40 à 60 ⊙ 4bc. 3bc. 5a. jt o.
Metel. Metel .... Bl. 80 à 120 ⊙ 3bc. 4bc. 11. jt o.
Meteloïde. Meteloides .... Bl. L. 120 ⊙♃ 2abcde. 4c. 7g. 11. a n.
jaune à fleur double. flava *vel* humilis, fl. pleno. ...... Jp. 50 ⊙♃ 2a, 1bcde. 11. s n.

Delphinium. *Voy.* PIED-D'ALOUETTE.

Dianthus. *Voy.* ŒILLET.

Dictamnus. *Voy.* FRAXINELLE.

Didiscus. *Voy.* HUGÉLIE.

Dielytra. DIELYTRA. *Fumariacées.*
remarquable. spectabilis .... Ro. 70 à 100 ♃ 7ca. 7db. 8. av m. j jt.

Digitale. DIGITALIS. *Scrofularinées.*
pourpre. purpurea .... Rov. 130 ⊙♃ 7ca. j a.
— à fleur rose. — rosea .... Ro. 130 ⊙♃ 7ca. j a.
— à fleur blanche. — alba .... Bl. 130 ⊙♃ 7ca. j a.
à fleur de Gloxinia variée. gloxinoides (gloxiniaeflora)... Vé. 130 à 150 ⊙♃ 7ca. j a.
— var. blanche ponctuée pourpre. alba punctata..... Bl. P. 130 à 150 ⊙♃ 7ca. j a.
— var. rose ponctuée pourpre. rosea punctata.... Rov. P. 130 à 150 ⊙♃ 7ca. j a.

Digitale. DIGITALIS (*Suite*).
à grande fleur. ochroleuca. Dig. ambigua *vel* grandifl. J. 80 à 120 ♃ 7ca. j jt.
ferrugineuse. ferruginea....... Fv. 80 à 125 ♃ 7ca. 7h j jt.
jaune. lutea............ Jp. 80 à 120 ♃ 7ca. ✣. j jt.

Dimorphotheca. *Voy.* SOUCI pluvial.

Discipline de religieuse. *Voy.* AMARANTE queue de renard.

Dolique. DOLICHOS. *Papilionacées.*
d'Égypte *ou* Lablab,
à fleur violette. Lablab flore violaceo........... Grp. V. 300 ⊙ 2bde. s o.
— — à fl. blanche. — fl. albo. ..... Grp. Bl. 300 ⊙ 2bde. s o.
— — nain à fleur blanche. — — var....... Bl. 70 à 80 ⊙ 2bde. s o.

Doronic. DORONICUM. *Composées.*
à f[lle] de Pâquerette. Bellidiastrum..... Bl. 20 ♃ 7db. 7ca. j jt.
herbe aux panthères. Pardalianches .... J. 60 ♃ 7db. 7ca. m jt.

Douce-amère. *Voy.* MORELLE Douce-amère.

Draba. *Voy.* DRAVE.

Dracocéphale. DRACOCEPHALUM. *Labiées.*
de Moldavie. Moldavicum...... Vb. 60 ⊙ 3bc. 4bc. jt a.
— à fleur blanche. — flore albo..... Bl. 60 ⊙ 3bc. 4bc. jt a.
blanchâtre. canescens........ Bc. Lb. 40 à 50 ⊙ 3bc. 4bc. jt a.
des monts Altaï *ou* d'Argunsk. Altaicense *vel* Argunense. ...... B. Fod. 30 ⊙ ♃ 7a. 7cf. 3b. 4bc. j a. jt s.
d'Autriche. Austriacum...... Bv. 30 à 40 ♃ 7ca. 7db. jt s.
de Sibérie. *Voy.* NEPETA à grande fleur.
de Virginie et de la Louisiane. *Voy.* PHYSOSTÉGIE.

Drave. DRABA. *Crucifères.*
faux-Aizoon. aizoides..... ... J. 10 ♃ 7db. ✣. m j.

Dryade. DRYAS. *Rosacées.*
à huit pétales. octopetala .... Bl. 5 ♃ 7db. ✣. jt a.

Eccremocarpus. ECCREMOCARPUS. *Bignoniacées.*
grimpant. scaber. Calampelis scaber...... E. 100 à 600 ♃ 6egj. 7dbf. 4b. j o.

Échinope. ECHINOPS. *Composées.*
Boulette azurée. ritro............ B. 70 ♃ 7ca. 6da. jt a.

Echium. *Voy.* VIPÉRINE.

Élyme. ELYMUS. *Graminées.*
des Sables. arenarius...... Vd. Ep. Flc. 80 à 100 ♃ 7ca. jt o.

Emilia. *Voy.* CACALIE.

Énothère. Œnothera. *Œnotherées.*					
blanche.	tetraptera........	Bl.	25 à 30 ⊙ ♃	4bcd. 5c. 6abf.	jt a.
odorante *ou* à grande fleur.	grandiflora *vel* suaveolens........	J.	120 ⊙ ♂	5ab. 3ab. 4b. 7f.	j a. jt s.
de Lamarck.	Lamarkiana......	J.	80 à 100 ⊙ ♂	5ab. 3ab. 4b. 7f.	j s.
bisannuelle.	biennis..........	J.	150 ♂	5ab. 6bf.	j a.
tardive.	serotina	J.	40 à 50 ♃	7ca.	jt a. jt o.
rose.	rosea............	Ro.	30 ♃ ⊙	7e. 6ab. 2b.	j o.
de Drummond.	Drummondii......	J.	40 à 50 ⊙ ♂	5d. 7f.	j a. jt o.
— à fleur blanche.	— alba..........	Blj.	50 à 60 ⊙ ♂	5d. 7f.	j a. jt o.
de Sellow.	Sellowii	J.	75 ⊙	5b. 4b.	j jt. jt a.
à feuille de Pissenlit.	taraxacifolia *vel* acaulis	Blr.	20 à 30 ♂	5c. 2b. 6abf.	s o. j s.
multicolore.	versicolor........	J. R.	60 à 70 ⊙ ♂	3b. 4b. 5b.	jt s.
Bistorta de Veitch.	Bistorta Veitchiana.	J.	20 à 30 ⊙	5cd. 4bc. 9.	j a. jt s.
pourpre. *Voy.* Godétie rubiconde.					
de Lindley. *Voy.* Godétie de Lindley.					
de Romanzow. *Voy.* Godétie de Romangow.					
Épervière. Hieracium. *Composées.*					
orangée.	aurantiacum......	O.	15 à 30 ♃	7ca. 7db.	j s.
Épiaire. *Voy.* Stachyde.					
Épilobe. Epilobium. *Œnotherées.*					
à épi. Laurier Saint-Antoine.	spicatum	Rov.	130 ♃	7ca. 7db.	j jt.
à feuille de Romarin.	rosmarinifolium ..	Rov.	50 à 100 ♃	7ca. 7db.	j jt.
hérissé.	hirsutum	Rov.	50 ♃ aq.	7a. 7db.	j s.
Épinard fraise. *Voy.* Blette.					
Éragrostide élégante. *Voy.* Panis capillaire.					
Éranthe. Eranthis. *Renonculacées.*					
d'hiver.	hiemalis (Helleborus hiemalis)...	J.	10 ♃	7caj. 12a.	f m.
Érémostachys. Eremostachys. *Labiées.*					
lacinié.	laciniata (Phlomis laciniata).....	J. Br. Rop.	150 à 200 ♃	7ca. 8	j a.
d'Ibérie.	Iberica	J.	150 à 200 ♃	7ca. 8.	j a.
Érianthe. Erianthus. *Graminées.*					
de Ravenne.	Ravennæ	Ap. Fle.	150 à 200 ♃	7abcd. 6abcdefgj. 7ca. 1bd.	s n.
Érigeron. Erigeron. *Composées.*					
à fle de Pâquerette.	bellidifolium.....	Blr.	70 ♃	5b. 7caf.	j s.
glabre.	glabellum	L. J.	30 ♃	7ca.	j jt.
gracieux.	speciosum (Stenactis speciosa)....	Lb. J.	30 à 80 ♃	7ca.	j jt. s o.

Érine. Erinus. *Scrofularinées.*					
des Alpes.	Alpinus..........	Vp.	10 à 15 ♃	7db. 6j. ✝.	m j.
Erodium. Erodium. *Géraniacées.*					
à odeur de Musc.	moschatum......	Fle.	15 à 25 ⊙ ♂	4abcd. 5abfg.	m j. j a.
Eryngium. *Voy.* Panicaut.					
Erysimum. Erysimum. *Crucifères.*					
de Petrowski.	Petrowskianum...	O.	40 à 50 ⊙	5abce, 4abc. 9.	m j. j a.
Barbarée à feuille panachée.	Barbarea fol. varieg.	Fle. J.	30 à 50 ♂ ♃	7ca.	m o.
jaune pâle.	ochroleucum.....	Jp.	40 à 50 ⊙	5abce. 4abc.	m j. j a.
Eschscholtzie. Eschscholtzia. *Papavéracées.*					
de Californie.	Californica (Chryseis Californica).	J.	40 ⊙ ♃	5ab. 4bc.	m j jt. jt s.
— blanc.	— alba.........	Bl.	40 ⊙ ♃	5ab. 4bc.	m j jt. jt s.
— orangée.	— crocea........	O.	40 ⊙ ♃	5ab. 4bc.	m j jt. jt s.
à feuille menue.	tenuifolia........	Jp.	15 ⊙	4abc.	j a.
Éthulie. Ethulia. *Composées.*					
corymbifère.	corymbosa.......	Rov.	80 à 100 ⊙	2abce.	a o.
Eucharidium. Eucharidium. *OEnothérées.*					
à grande fleur.	grandiflorum.....	Ro.	30 ⊙	5bcd. 4bc. 9.	m j. j jt.
Eucnide. Eucnide. *Loasées.*					
à fleur de Bartonia.	bartonioides (Microsperma bartonioides)........	J.	20 à 35 ⊙	2abd.	jt o.
Eupatoire. Eupatorium. *Composées.*					
à feuille molle.	glechonophyllum *vel* Ageratum conspicuum, *Hort.*.	Bl.	50 à 100 ⊙ ♃	2abc. 7f.	j jt. s o.
à feuille de Chanvre *ou* d'Avicenne.	cannabinum......	Ropa.	100 à 150 ♃ aq.	7db. 7ca.	jt o.
Euphorbe. Euphorbia. *Euphorbiacées.*					
panaché.	variegata........	Fle. Pé Bl.	60 à 80 ⊙	4bc.	a s.
Eutoque. Eutoca. *Hydrophyllées.*					
visqueuse.	viscida..........	B.	30 à 40 ⊙	4bc.	jt a.
de Wrangel.	Wrangeliana.....	L.	20 à 30 ⊙	5bcd. 4abc.	j jt. jt a.
de Menzies.	Menziesii.........	Bp.	30 ⊙	5bcd. 4abc.	j jt. jt a.
Fedia Cornupiæ. *Voy* Valériane d'Alger.					
Félicie. Felicia. *Composées.*					
délicate.	tenella.........	Bll.	15 ⊙	1a. 4b.	j jt.
Fenzlie. Fenzlia. *Polémoniacées.*					
à fleur d'OEillet.	dianthiflora (Gilia dianthoides)....	V. L. J.	10 à 15 ⊙	5d.	m j.

Férule. FERULA. *Ombellifères.*

commune.	communis........	J.	300 ♃	7ca.	j jt
de Naples.	Neapolitana (Thapsia Garganica)..	Jp.	60 ♃	7ca.	j jt.
de Tanger.	Tingitana........	J.	360 ♃	7ca.	j jt.

Fétuque. FESTUCA. *Graminées.*

à feuille glauque.	glauca...........	Ap. Vd.	20 à 30 ♃	3abcd.7ca.	av n.

Ficoïde. MESEMBRIANTHEMUM. *Mésembrianthémées.*

tricolore.	tricolor..........	Ro. Bl. P.	10 ⊙	5df. 1b. 2ab.	m j. j jt.
— à fleur blanche.	— flore albo......	Bl.	10 ⊙	5df. 1b. 2ab.	m j. j jt.
de l'après-midi.	pomeridianum....	J.	10 à 15 ⊙	5df. 1b. 2ab.	m j. j jt.
à fleur capitée.	capitatum........	J.	10 à 15 ⊙	5df. 1b. 2ab.	m j. j jt.
glaciale.	cristallinum......	Fl.	20 à 25 ⊙	2bc. 2cd. 3c. 4cd.	m j. j jt.

Flèche d'eau. *Voy.* SAGITTAIRE

Fluteau. *Voy.* ALISME.

Fraxinelle. DICTAMNUS. *Diosmées.*

rouge.	fraxinella fl. rubro	Ro.	50 à 60 ♃	7ca. 6fghi.	j jt.
blanche.	— fl. albo.......	Bl.	50 à 60 ♃	7ca. 6fghi.	j jt.

Fritillaire. FRITILLARIA. *Liliacées.*

Couronne impériale.	imperialis........	R.	60 à 120 ♃	7db. 6gi. 7h.	ms av.

Fumeterre jaune. *Voy.* CORYDALE jaune.

Gaillarde. GAILLARDIA. *Composées.*

vivace.	perennis.........	J. Br.	30 à 40 ♃	7ca. 7db.	j a.
peinte.	picta............	Jo. P.	45 à 50 ⊙♃	5d. 6abc. 2abc. 6abfgh. 6j.	j s. jt s.

Galane. CHELONE. *Scrofularinées.*

barbue.	barbata..........	F.	100 ♃	6abcdefgh. 6j.	j s.
— écarlate.	— coccinea......	E.	100 ♃	6abcdefgh. 6j.	j s.

Galega. GALEGA. *Papilionacées.*

officinal.	officinalis........	Bp.	130 ♃	7ca.	j a.
— blanc.	— alba..........	Bl.	130 ♃	7ca.	j a.
d'Orient.	Orientalis........	Bp.	100 ♃	7ca.	j a.

Galeobdolon. GALEOBDOLON. *Labiées.*

jaune.	luteum..........	J.	50 ♃	7ca.	av j.

Gamolepis. GAMOLEPIS. *Composées.*

annuel.	annua (G. Tagetes)	J.	20 ⊙	5d. 6e. 3b. 4ab.	av j. j jt.

Gaura. GAURA. *OEnothérées.*

de Lindheimer.	Lindheimeri	Bl. Ro.	120 ⊙♃	5ab. 2ab. 3b. 7a. 6fg.	m n. jt n.

Gazon d'Olympe. *Voy.* STATICE Armeria.

de Hollande. *Voy.* STATICE Armeria.

d'Espagne. *Voy.* STATICE Armeria.

Gazon (*Suite*).

pour pelouse. *Voy.* l'article spécial GAZON, à la fin de ces Instructions.

turc. *Voy.* SAXIFRAGE hypnoïde.

Gentiane. GENTIANA. *Gentianées.*

à grande fleur.	acaulis	B.	5 ♃	7db.7ca.12a.÷.	m jt
des Alpes.	Alpina...........	Bf.	5 ♃	7db.7ca.12a.÷.	j jt.
Asclépiade.	asclepiadea.......	B.	30 ♃	7db.7ca.12a.÷.	jt a.
des champs.	campestris	Vp.	15 ⊙	4ab.12a.÷.	a s.
croisette.	cruciata	B.	20 ♃	7db.7ca.12a.÷.	jt a.
jaune.	lutea............	J.	150 ♃	7db.7ca.12a.÷.	j jt.
ponctuée.	punctata.........	J. Pet.	10 ♃	7db.7ca.12a.÷.	jt.
pourpre.	purpurea	J. Pet.	10 ♃	7db.7ca.12a.÷.	j jt.
printanière.	verna...........	Bf.	5 ♃	7db.7ca.12a.÷.	j jt.
utriculeuse.	utriculosa	Bf.	5 ♃	7db.7ca.12a.÷.	j jt.
amarelle.	amarella *vel* Germanica........	V.	40 ⊙	4a.12a.÷.	a s
de Bavière.	Bavarica.........	Bf.	10 ♃	7db.7ca.12a.÷.	jt a.
de Hongrie.	Pannonica	B.	25 ♃	7db.7ca.12a.÷.	jt a.
perce-neige.	nivalis	B.	5 ♃	7db.7ca.12a.÷.	jt a.
pneumonanthe.	pneumonanthe....	B.	40 ♃	7db.7ca.12a.	jt o.

Géranium. GERANIUM. *Géraniacées.*

sanguin.	sanguineum......	Rs.	40 ♃	7ca.	m a.
Herbe à Robert.	Robertianum	Rov.	40 ⊙	3abc.4abcd.	av o.

à odeur de Musc. *Voy.* ERODIUM.

Germandrée. TEUCRIUM. *Labiées.*

petit-Chêne.	Chamœdrys......	Ro. Pu.	15 à 20 ♃	7ca.	m jt.

Gesse. LATHYRUS. *Papilionacées.*

odorante, Pois de senteur, Pois à odeur, varié.	odoratus mixtae varietates........	Vé.	100 à 150	5ac.4ab.	j jt. jt a.

par couleurs séparées.

blanc.	panaché de rose.
rouge.	— de violet.
— vif (invincible scarlet).	— tricolore.
brun violet (violet pourpré noirâtre).	

vivace *ou* à large feuille (Pois à bouquets).	latifolius.........	Rop.	150 à 200 ♃	7ca.7db.	jt s.
— à fl. rouge pourpre.	— splendens.....	Rp.	150 à 200 ♃	7ca.7db.	jt s.
— à fleur blanche.	— albus	Bl.	150 à 200 ♃	7ca.7db.	jt s.
hétérophylle.	heterophyllus	C.	130 à 200 ♃	7ca.	j jt.

Geum. *Voy.* BENOITE.

Giclet. *Voy.* MOMORDIQUE élastique *ou* CONCOMBRE d'attrape.

Gilia. GILIA. *Polémoniacées.*

à fleur en tête.	capitata	B.	100 ⊙	4abc. 5abc.	m j. jt a.
tricolore.	tricolor.........	B. J. Br.	40 ⊙	4abc.	jt a.
— brillant.	— splendens.....	Ro.	40 ⊙	4abc.	jt a.
— blanc de neige.	— nivalis	Bl.	40 ⊙	4abc.	jt a.
à feuille laciniée.	laciniata........	Bf.	20 à 30 ⊙	4abc. 5abc.	m j. jt a.
à feuille d'Achillée, à fleur blanche.	achillæfolia alba..	Bl.	30 ⊙	4abc. 5abc.	m j. jt a.

androsacea. *Voy.* LEPTOSIPHON Androsace.
aggregata. *Voy.* IPOMOPSIS.
coronopifolia. *Voy.* IPOMOPSIS.
densiflora. *Voy.* LEPTOSIPHON à grande fleur.
dianthoides. *Voy.* FENZLIE à fleur d'Œillet.

Giroflée. CHEIRANTHUS. *Crucifères.*

quarantaine variée. annuus. Matthiola annua......... Vé. 30 ⊙ 1b. 2b. 4bc. 10a. j a. j s.

quarantaine Anglaise, *par couleurs séparées*........................ 30 ⊙ 1b. 2b. 4bc. 10a. j a. j s.

rouge cuivré. — carmin. rose tardive. ardoisée. lilas pâle. bleu clair. violette. aurore. mordoré foncé. jaune soufre à reflet rose. blanche. Etc., etc.

quarantaine Anglaise à feuille de Cheiri, Kiris *ou* Grecque, *par couleurs séparées*...................... 30 ⊙ 1b. 2b. 4bc. 10a. j a. j s.

blanche. lilas *ou* lilas clair. violette. jaune pâle. rose. rouge cuivré. Etc., etc.

quarantaine Anglaise à grande fleur, *par couleurs séparées*........... 30 ⊙ 1b. 2b. 4bc. 10a. j a. j s.

rouge carmin. violette. violet clair. ardoisée. blanche. rose. couleur de chair. sanguin. jaune soufre.

quarantaine naine à bouquet, *par couleurs séparées*.................. 20 à 25 ⊙ 1b. 2b. 4bc. 10a. j a. j s.

rouge sang *ou* cramoisi. rose *ou* rouge brique clair. lilas rougeâtre. rose *ou* lilas rose *ou* rose teinté de violet. carmin.

Giroflée quarantaine. **Cheiranthus** annuus (*Suite*).

quarantaine Lilliputienne, *par couleurs séparées*...................... 20 à 25 ⊙ 1b. 2b. 4bc. 10a. j a. j s.

bleu foncé. — d'azur. violet clair *ou* violet. couleur de chair. brun foncé. rouge cuivré. — carmin. Etc.

quarantaine demi-Anglaise *ou* à rameau, *par couleurs séparées*........... 40 ⊙ 1b. 2b. 4bc. 10a. j a. j s.

à feuille de Cheiri, Kiris *ou* grecque rouge clair à grand rameau. rose. Etc., etc.

quarantaine pyramidale à rameau compacte, *par couleurs séparées*...... 30 à 35 ⊙ 1b. 2b. 4bc. 10a. j a. j s.

rouge carmin. couleur de chair. Kiris jaune citron. violet clair. blanche.

quarantaine d'automne, *par couleurs séparées*...................... 30 à 40 ♂ ⊙ 1b. 2b. 4bc. 10a. j a. j o.

rouge carmin. à rameau blanc. — rose. — brun noir. à rameau violet foncé. — mordoré. — rouge carmin. — — cuivré.

quarantaine Parisienne, *par couleurs séparées*...................... 30 à 40 ♂ ⊙ 6bfj. 1b. 3b. av j. a s.

blanche. rouge.

quarantaine cocardeau, *par couleurs séparées*...................... 30 à 40 ♂ ⊙ 6abej. 1b. 10a. av j a.

rouge. blanche. violette *ou* impériale bleue.

Empereur perpétuelle, *par couleurs séparées*...................... 30 à 35 ♂ 6abej. av jt.

rose. — pourpre *ou* cuivrée. violette. blanche. cramoisie à grande fleur. Kiris couleur de chair. — écarlate.

grosse espèce variée. incanus. Matthiola incana........ Vé. 50 à 60 ♂ 6adej. av a.

par couleurs séparées.

rouge. — sang. violette. — naine cramoisie. blanche. rose. grecque *ou* Kiris bisannuelle blanche.

Giroflée GROSSE ESPÈCE COCARDEAU *ou* FÉNESTRALE :

cocardeau rouge fénestral *ou* ancien. fenestralis purpureus.......... Cm. 60 ♂ 6deaj. av a.

Giroflée GROSSE ESPÈCE COCARDEAU *ou* FÉNESTRALE (*Suite*).

cocardeau rose prolifère.	— roseus proliferus	Ro.	60 ♂	6deaj.	av a.

Giroflée JAUNE (Carafée, Muret, Ravenelle, Ramoneur, Violier jaune).

jaune.	Cheiranthus Cheiri	J.	60 ♂ ♃	6ad. 8.	av m.
jaune à fl. brune.	— — bruneus....	Br.	60 ♂ ♃	6ad. 8.	av m.
— — brune hâtive.	— — — var....	Br.	60 ♂ ♃	6ad. 3ab. 10a. 8.	av m. o d.
— — violette.	— — violaceus..	V.	60 ♂ ♃	6ad. 8.	av m.
— — simple variée.	— — mixtæ var.	Vé.	60 ♂ ♃	6ad. 8.	av m.
— — qui double variée.	— — flore pleno mixtæ var..	Vé.	60 ♂ ♃	6ad. 8.	av m.

— 12 *variétés allemandes à fleurs doubles, en collection indivisible.*

Giroflée de Mahon. *Voy.* JULIENNE de Mahon.

Glaciale. *Voy.* FICOÏDE.

Glaïeul. GLADIOLUS. *Iridées.*

de Gand et hybrides variés.	Gandavensis hybridus mixtæ var..	Vé.	120 ♃	7db. 7ca. 7g. 10cd. 12b.	a s.

Glaucie. GLAUCIUM. *Papavéracées.*

à fleur jaune.	flavum..........	Fle. J.	75 à 100 ♂ ♃	7ca.	jt s.

Godétie. GODETIA. *OEnothérées.*

rubicond (Œnothère pourpre).	rubicunda.......	Ro. Cm.	50 à 70 ⊙	5abce. 3bc. 4bc.	m jt. j a.
— var. éclatante.	— splendens.....	Rp.	50 à 70 ⊙	5abce. 3bc. 4bc.	m jt. j a.
de Schamin.	Schaminii.......	Blr. P.	50 à 70 ⊙	5abce. 3bc. 4bc.	m jt. j a.
de Lindley.	Lindleyana......	Rop.	20 à 30 ⊙	5bc. 4abc.	j a.
de Romanzow.	Romanzowi......	Rov.	25 à 30 ⊙	5bc. 4bc.	j a. jt a.
Tom-Pouce.	roseo albo.......	Ropa. C.	25 à 30 ⊙	5bc. 4bc.	m j. jt a.

Gomphrena. *Voy.* AMARANTOÏDE.

Gossypium. *Voy.* COTON.

Gouet. ARUM. *Aracées.*

serpentaire.	dracunculus......	N.	90 ♃	7db.	j jt.

Gourde. *Voy.* COURGE.

Grammanthes. GRAMMANTHES. *Crassulacées.*

gentianoïde.	gentianoides......	J. R.	10 ⊙	5d. 2bd.	av j. m jt.

Grammatocarpus. *Voy.* SCYPHANTHE.

Grémil. LITHOSPERMUM. *Borraginées.*

bleu et pourpre.	purpureo-cæruleum	Bv. P.	50 ♃	7ca.	m a.

Gueule de loup. *Voy.* MUFLIER.

Gutierrezia. GUTIERREZIA. *Composées.*

gymnospermoïde.	gymnospermoides.	J.	60 à 80 ⊙	5d. 2bc.	j a. a o.

Gymnopside. GYMNOPSIS. *Composées.*

à involucre unisérié.	uniserialis........	J.	120 ⊙	5d. 2a.	jt a. n.

Gynerium (Herbe des Pampas). GYNERIUM. *Graminées.*

argenté.	argenteum....	Ep. Pit. Fle.	200 à 300 ♃	7ca. 7db. 7h. 10d. 8. 11.	s. n.

Gypsophile. GYPSOPHILA. *Silénées.*

élégante.	elegans..........	Bl.	40 à 50 ⊙	5bc. 4bc.	m j. jt a.
visqueuse.	viscosa..........	Blr.	40 à 50 ⊙	5bc. 4bc.	m j. jt a.
de muraille.	muralis.........	Roc. L.	20 ⊙	5b. 4bc.	m j. j jt.
de Steven.	Steveni..........	Bl.	20 à 30 ♃	7ca. 7db.	jt a.
paniculée.	paniculata.......	Bl.	75 à 100 ♃	7ca. 7db.	j jt a.
à feuille aiguë.	acutifolia (glauca).	Bl.	75 à 100 ♃	7ca. 7db.	j jt a.

saxifraga *vel* saxatilis. *Voy.* TUNICA.

Haricot. PHASEOLUS. *Papilionacées.*

d'Espagne rouge.	coccineus........	E.	300 ⊙♃	4bc.	jt s.
— blanc.	— albus........	Bl.	300 ⊙♃	4bc.	jt s.
— bicolore.	— bicolor.......	E. Bl.	300 ⊙♃	4bc.	jt s.
— noir.	— var..........	E.	300 ⊙♃	4bc.	jt s.

Hebenstreitie. HEBENSTREITIA. *Sélaginées.*

à petite feuille *ou* à feuille menue.	tenuifolia........	Via. Bl.	25 à 30 ⊙	2bc.	jt s.

Hedysarum coronarium. *Voy.* SAINFOIN.
crista galli. *Voy.* HÉRISSON.

Hélénie. HELENIUM. *Composées.*

à feuille menue *ou* à petite feuille.	tenuifolium......	J.	50 ⊙♃	2bc. 3b. 7f.	a o.
d'automne.	autumnale.......	J.	200 ♃	7ca.	a n.

Hélianthème. HELIANTHEMUM. *Cistinées.*

taché.	guttatum (Cistus).	J. Br.	20 à 30 ⊙	7db. 7ca.	j a.
pulvérulent.	pulverulentum....	Bl.	20 à 30 ♃	7db.	j a.

Helianthus. *Voy.* SOLEIL.

Helichrysum. *Voy.* IMMORTELLE.

Héliophile. HELIOPHILA. *Crucifères.*

velue *ou* poilue.	arabioides.......	B.	20 à 30 ⊙	4b. 5d.	jt a.

Héliopside (Hemolepis). HELIOPSIS. *Composées.*

blanchâtre.	canescens........	J.	75 à 100 ⊙	2ab.	jt s.

Héliotrope. HELIOTROPIUM. *Borraginées.*

du Pérou.	Peruvianum......	L.	70 ⊙♃	2abc. 1b.	a s.
à grande fleur.	grandiflorum.....	L.	70 ♃⊙	2abc. 1b.	a s.
de Voltaire.	Voltairianum.....	Bf.	60 ⊙♃	2abc. 1b.	a s.

Héliotrope. HELIOTROPIUM *(Suite)*.

triomphe de Liége. var.............. Bl 70 ⨀ 2̸ 2abc.1b a s.
plusieurs autres variétés séparées.

Helipterum Sanfordii. *Voy.* IMMORTELLE de Humboldt.

Hellébore. HELLEBORUS. *Renonculacées.*
fétide. fœtidus.......... Flc.Vd. 50 à 80 2̸ 7ca.6fl. f av.
d'hiver. *Voy.* ERANTHE.

Hemitomus. *Voy.* ALONZOA.

Heracleum. *Voy.* BERCE.

Herbe à Robert. *Voy.* GERANIUM Robertianum.

Herbe des Pampas. *Voy.* GYNERIUM.

Hérisson. HEDYSARUM. *Papilionacées.*
crête de coq. crista galli. (Onobrichys cr. g.). Fr. 15 ⨀ 4bc. a s.

Hesperis. *Voy.* JULIENNE.

Hibiscus. *Voy.* KETMIE.

Hieracium. *Voy.* ÉPERVIÈRE.

Hordeum. *Voy.* ORGE.

Hormin. *Voy.* SAUGE Hormin.

Houblon. HUMULUS. *Urticées.*
commun. lupulus......... Vd.Grp. 8 à 900 2̸ 7ca. 6h. j s.

Hugélie. HUGELIA. *Ombellifères.*
bleue. cærulea. Didiscus cæruleus. Trachimène cærulea... B. 60 à 80 ⨀ 5d. 2ab. 4bc. j jt. a s.

Humea. HUMEA. *Composées.*
élégant. elegans. Colomeria amarantoides.. Cv. Pit. 100 à 200 ⚇ 6abcdej. 11. j s.

Hunnemannia. HUNNEMANNIA. *Papavéracées.*
à feuille de Fumaria. fumariæfolia..... Jo. 30 à 50 ⨀ 5ab. 4bc. 12a. jt s.

Hyacinthus Orientalis. *Voy.* JACINTHE.
non scriptus. *Voy.* SCILLE.

Hymenantherum. HYMENANTHERUM. *Composées.*
à feuilles menues. tenuifolium...... J. 15 ⨀ 5cd. 4bc. 9. m j. j jt. s o

Hysope. HYSOPUS. *Labiées.*
officinale. officinalis........ B. 30 à 40 2̸ 7ca. jt a.

Iberis. *Voy.* THLASPI.

Immortelle. XERANTHEMUM. *Composées.*
annuelle violette. annuum violaceum. Vp. 60 ⨀ 5ace. 3bc. 4bc. j a. jt o.

Immortelle. XERANTHEMUM (*Suite*).

annuelle pourpre multiflore.	annuum compactum	Vp.	30 à 40 ⊙	5ace. 3bc. 4bc.	j a. jt o.
— blanche.	— album........	Bl.	60 ⊙	5ace. 3bc. 4bc.	j a. jt o.
— — multiflore.	— compactum ...	B.	30 à 40 ⊙	5ace. 3bc. 4bc.	j a. jt o.

Immortelle. HELICHRYSUM. *Composées*.

à bractées jaune.	bracteatum.......	J.	120 ⊙	5de. 2ab. 3b. 8.	j o. jt o.
— blanche.	— album........	Bl.	120 ⊙	5de. 2ab. 3b. 8.	j o. jt o.
— du roi de Prusse.	— Borrusorum rex.	Bl.	120 ⊙	5de. 2ab. 3b. 8.	j o. jt o.
— incurvées.	— incurvum.....	J.	120 ⊙	5de. 2ab 3b. 8.	j o. jt o.
— naine jaune.	— nanum	J.	25 ⊙	5de. 2ab. 3b. 8.	j o. jt o.
— — à fl. blanche.	— — album.....	Bl.	25 ⊙	5de. 2ab. 3b. 8.	j o. jt o.
à grande fleur.	macranthum	Ro.	60 ⊙	5de. 2ab. 3b. 8.	j o. jt o.
— — naine pourpre.	— nanum atrosanguineum	Ro.	50 ⊙	5de. 2ab. 3b. 8.	j o. jt o.
brachyrhinchium.	brachyrhinchium..	J.	40 ⊙	2bc.	j s.
de Humboldt.	Humboldtianum (Helipterum Sandfordii	J.	20 à 40 ⊙	2abc. 3c. 4c. 5d.	j jt. s o. m j.

à bouton. *Voy.* AMARANTOIDE.

Impatiente. *Voy.* BALSAMINE.

glanduligère. *Voy.* BALSAMINE.

ne me touchez pas. *Voy.* BALSAMINE.

à trois cornes. *Voy.* BALSAMINE.

Balsamina. *Voy.* BALSAMINE.

Incarvillea. INCARVILLEA. *Bignoniacées*.

de la Chine.	Sinensis	Ro.	150	6dbaj.	jt a.
— à grande fleur pourpre.	— var.	Ro.	75 à 150	6dbaj.	jt a.

Ionopsidium. IONOPSIDIUM. *Crucifères*.

acaule.	acaule. Cochlearia acaulis	L.	15 ⊙	5de.	o m.
— à fleur blanche.	— fl. albo......	Bl.	15 ⊙	5de.	o m.

Ipomée (Quamoclit). IPOMOEA. *Convolvulacées*.

Quamoclit. Jasmin rouge de l'Inde.	Quamoclit vulgaris.	E.	125 ⊙	2bd. 2cf.	a o.
— à fleur blanche.	— fl. albo.......	Bl.	125 ⊙	2bd. 2cf.	a o.
écarlate.	coccinea	E.	300 à 800 ⊙	4bc. 2bdf.	jt o.

Ipomée. IPOMOEA. *Convolvulacées*.

pourpre *ou* Volubilis varié.	purpurea mixtæ var. Pharbitis purpurea	Vé.	250 à 300 ⊙	4bc.	j s.

Ipomée. IPOMOEA (*Suite*).

pourpre *ou* **Volubilis,** *par couleurs. séparées*

blanc.	panaché.
erubescens (rose).	— tricoloré.
kermesina (rouge vif).	Mme Anné (panaché rouge et blanc).
violet foncé.	purpurea quinata.

Nil *ou* **liseron de Michaux.**	Nil.............	B.	200 ⊙	4bc.	j s.
à feuille de Lierre.	hederacea........	B.	200 ⊙	4bc.	j s.
à grande fleur bleu clair.	grandiflora......	Vf.	200 à 300 ⊙	2bdf. 4c.	j s.
épineuse *ou* **remarquable.**	bona nox........	Rov.	300 ⊙	2bdf. 4c.	s o.
à grande fl. superbe.	grandiflora superba...........	Bc, Bl.	250 à 300 ⊙	2bdf. 4c.	s o.
à limbe bordé.	limbata..........	Vf. Bl.	300 ⊙	2bdf. 4c.	a o.
— — hybride.	— hybrida.......	L. B. Bl.	300 ⊙	2bdf. 4c.	a o.
du Mexique à grande fleur blanche.	Mexicana grandiflora alba.....	B.	300 à 400 ⊙	2bdf.	s o.

Ipomopsis. IPOMOPSIS. *Polémoniacées.*

élégant.	elegans (Cantua *vel* Gilia coronopifolia; Gilia aggregata)........	E.	100 à 150 ♂	6fgj. 5cd.	jt o.
— var. nankin.	— var. lutea.....	J.	150 ♂	6fgj. 5cd.	jt o.
— var. superbe.	— var. superba..	E.	100 ♂	6fgj. 5cd.	jt o.

Iris. IRIS. *Iridées.*

d'Angleterre.	xiphioides.......	Vé.	40 ♃	7dbb. 12b.	j jt.
d'Espagne.	xiphium........	Vé.	50 ♃	7dbb. 12b.	j.
d'Allemagne *ou* Germanique.	Germanica.......	Vé.	60 ♃	7db. 12a.	av m.
Germaniq. hybride.	— hybrida mixtæ var...........	Vé.	50 ♃	7db. 12a.	m jt.
faux-Acore.	pseudacorus......	J.	70 ♃ aq.	7db. 12.	j jt.

Isotome. ISOTOMA. *Lobéliacées.*

axillaire.	axillaris.........	Bp. L.	20 à 25 ⊙♃	2ade. 7f. 11.	a o.
Petraea.	Petraea..........	Bll. Bl.	20 à 25 ⊙♃	2ade. 7f. 11.	a o.

Jacinthe. HYACINTHUS. *Liliacées.*

cultivée *ou* d'Orient.	Orientalis........	Vé.	20 à 30 ♃	7dbb. 7cab. 12b.	ms av.

Jalap du Mexique. *Voy.* BELLE-DE-NUIT odorante.

Jasione. JASIONE. *Campanulacées.*

de montagne.	humilis *vel* montana	B.	20 à 40 ♂	6cegi. 6b. 4bcd.	j jt.

Jasmin rouge de l'Inde. *Voy.* IPOMÉE Quamoclit.

Joubarbe. Sempervivum. *Crassulacées.*					
des toits.	tectorum........	Ro.	30 à 40 ♃	7db.	jt a.
Julienne. Malcolmia. *Crucifères.*					
de Mahon. Giroflée de Mahon.	maritima. Hesperis maritima......	Rov.	30 ⊙	5ae. 4bcd. 9.	m j. j a.
— à fleur blanche.	— flore albo.. ..	Bl.	30 ⊙	5ae. 4bcd. 9	m j. j a.
à fleur bicolore.	bicolor.........	Bl. L.	30 ⊙	5ae. 4bcd.	m j. j a.
Julienne. Hesperis. *Crucifères.*					
simple des jardins.	matronalis.......	Vp.	60 à 75 ♃	7ca. 8.	m jt.
— — blanc pur.	— candidissima...	Bl.	75 ♃	5ab. 7ca. 8.	m jt. j a.
Kaulfussia. Kaulfussia. *Composées.*					
amelloïde.	amelloides. Charieis heterophylla ...	B.	20 ⊙	5d. 2ab. 4bc. 9.	av m. j a.
— bleu foncé.	— atroviolacea...	Bf. Vpé.	20 ⊙	5d. 2ab. 4bc. 9.	av m. j a.
Ketmie. Hibiscus. *Malvacées.*					
d'Afrique.	Africanus *vel* vesicarius.........	Blj. Br.	50 ⊙	3bc. 4bc. 2b.	jt s.
des marais.	palustris.........	Bl.	100 ♃	7cah. 7dbh.	a s o.
à fleur rose.	roseus...........	Ro.	100 ♃	7cah. 7dbh.	a s o.
de Thunberg. *Voy.* Sida vesicaria.					
Kiris. *Voy.* Giroflée à feuille de Cheiri *ou* grecque.					
Kitaibélle. Kitaibelia. *Malvacées.*					
à feuilles de Vigne.	vitifolia.........	Bl.	150 à 200 ♃	7ca. 6fh.	jt s.
Kochia. *Voy.* Ansérine.					
Koniga. *Voy.* Alysse odorant.					
Lablab. *Voy.* Dolique.					
Lagure. Lagurus. *Graminées.*					
à épi ovale.	ovatus...........	Ap.	30 à 40 ⊙	4b. 5afd. 6bj. 2abc.	j a. m j.
Lamarckie. Lamarckia. *Graminées.*					
dorée.	aurea. Chrysurus cynosuroides....	Ap.	20 à 25 ⊙	4bc.	j jt a.
Larmes (Larmilles). Coix. *Graminées.*					
de Job.	Lacrymæ........	Fr. Flc. Pit.	60 ⊙♃	3bc. 4bc. 2abc.	j s.
Lasthenia. *Voy.* Callichroa et Monolopia.					
Lathyrus. *Voy.* Gesse et Pois.					
odoratus. *Voy.* Pois de senteur.					
Laurier Saint-Antoine. *Voy.* Épilobe à épi.					
Lavatère. Lavatera. *Malvacées.*					
à grande fleur rose.	trimestris rosea..	Ro.	80 à 100 ⊙	3bc. 4bc.	jt s.
— blanche.	— alba.........	Bl.	80 à 100 ⊙	3bc. 4bc.	jt s.
en arbre.	arborea.........	Rop.	200 ⊙♃	3bc. 4bc. 7ef.	jt o.

Lavatère. LAVATERA (*Suite*).					
Olbia.	Olbia............	Ro.	160 ⊙♃	6abdej. 11.	j s.
de Thuringe.	Thuringiaca......	Ro.	100 ⊙♃	6abdej. 11.	j s.
Leptosiphon. LEPTOSIPHON. *Polémoniacées.*					
à fleur d'Androsace.	androsaceus. Gilia androsacea	L.	25 à 30 ⊙	5de. 8. 4bcd. 9.	mj. js. so.
— — à fleur blanche.	— var. alba.....	Bl.	25 à 30 ⊙	5de. 8. 4bcd 9.	mj. js. so.
à grande fleur.	densiflorus. Gilia densiflora......	L.	30 ⊙	5de. 8. 4bc. 9.	m j. j a.
— — blanche.	— albus	Bl.	30 ⊙	5de. 8. 4bc. 9.	m j. j a.
— d'or.	aureus..........	J.	10 à 15 ⊙	5c. 5d. 4bc. 9.	m j. jt a.
hybride varié.	hybridus?.......	Vé.	15 à 25 ⊙	5c. 5d. 4bc. 9.	m j. jt a.
— var. acajou.	— var. acajou..	Rbr.	15 à 25 ⊙	5c. 5d. 4bc. 9.	m j. jt a. so.
Leucoium. *Voy.* NIVÉOLE.					
Leucopsidium. LEUCOPSIDIUM. *Composées.*					
du Texas.	Texanum........	Bl. Ro. J.	60 ⊙♃	5c. 5d. 2ab. 1b.	j o. jt o.
Ligusticum. *Voy.* LIVÈCHE.					
Lilium. *Voy.* LIS.					
Limaçon. MEDICAGO. *Papilionacées.*					
Limaçon.	polymorpha var. scutellata.....	Fr.	15 ⊙	4b.	a s.
Limnanthe. LIMNANTHES. *Limnanthées.*					
de Douglas, var. à grande fleur.	Douglasii grandiflora..........	Bl. J.	15 ⊙	5cde. 4bcd. 9.	m j. j s.
Lin. LINUM. *Linées.*					
vivace.	perenne.........	B.	50 à 60 ♃	7a.	m j. jt a.
— à fleur blanche.	— fl. albo.......	Bl.	50 à 60 ♃	7a.	m j. jt a.
— à fleur rose ou lilas.	— fl. roseo (lilaceo).	L.	50 à 60 ♃	7a.	m j. jt a.
des montagnes.	montanum.......	B.	30 ♃	7adb.	j jt.
à grande fl. rouge.	grandiflorum (rubrum)........	Cm. Rvc. Rs.	30 ⊙	5d. 3bc. 4bc.	m s. j o.
Linaire. LINARIA. *Scrofularinées.*					
pourpre *ou* à fleur d'Orchis.	bipartita.........	V.	20 à 30 ⊙	4bcd. 5ab. 9.	j o.
— à fleur blanche.	— fl. albo.......	Bl.	20 à 30 ⊙	4bcd. 5ab. 9.	j o.
à grande fleur.	triornitophora ...	Rov.	60 à 80 ♃	7ca. 4bc. 6ab. 5cd.	j s.
des Alpes.	Alpina...........	Bp. E.	10 ♃	7db. 6jk.	j a.
Cymbalaire.	Cymbalaria	B. V.	15 ♃	7db. 7ca. 4abcd.	m o.
Lindheimera. LINDHEIMERA. *Composées.*					
du Texas.	Texana.........	J.	30 à 40 ⊙	4bc. 3b. 2ab.	jt a s.

Lis. LILIUM. *Liliacées.*

blanc.	candidum........	Bl.	120 ♃	7dblg.	jt a. j.
tigré.	tigrinum	Rb.Sa.Pé.Br.	120 ♃	7dblg.	jt a. j.
à feuille lancéolée.	lancifolium	Bl.	120 ♃	7dblg.12a.12b.2ab.	jt a.
gigantesque.	giganteum......	B.V.	200 à 300 ♃	12a.12b.2ab.	jt s.
et autres espèces.					

Lis d'eau. *Voy.* NÉNUPHAR.

Liseron tricolore. *Voy.* BELLE-DE-JOUR.

Liseron. *Voy.* IPOMÉE.

Lithospermum. *Voy.* GREMIL.

Livèche. LIGUSTICUM. *Ombellifères.*

du Péloponèse.	Peloponesiacum...	Bl.Flc.Pil.	130 à 150 ♃ aq.	7db.7ac.	j jt s.

Loasa. LOASA. *Loasées.*

orangé.	aurantiaca *vel* lateritia.........	O.	200 ⊙ ♂	5d.2abc.6bej.	j o. a o.

Lobélia. LOBELIA. *Lobéliacées.*

Erine.	Erinus	Bp.	10 ⊙ ♃	5fd.1b.2b.3bc.4bcd.	ma.js.ao.
— superbe à grande fleur.	— grandiflora superba.........	Bf.Bl.	15 ⊙ ♃	5fd.1b.2b.3bc.4cd.	ma.js.ao.
— élégante.	— speciosa......	B.Bl.	15 ⊙ ♃	5fd.1b.2b.3bc.4cd.	ma.js.ao.
— de Lindley.	— Lindleyana....	Rov.	15 ⊙ ♃	5fd.1b.2b.3bc.4cd.	ma.js.ao.
— marbré.	— marmorata *vel* Paxtoniana	Bl.Bp.	15 ⊙ ♃	5fd.1b.2b.3bc.4cd.	ma.js.ao.
— blanche compacte.	— alba compacta.	Bl.	15 ⊙ ♃	5fd.1b.2b.3bc.4cd.	ma.js.ao.
grêle à rameaux dressés.	gracilis erecta....	Bp.Bl.	15 ⊙ ♃	5fd.1b.2b.3bc.4cd.	ma.js.ao.
— à fleur blanche.	— alba..........	Bll.	15 ⊙ ♃	5fd.1b.2b.3bc.4cd.	ma.js.ao.
— bleu céleste.	— cælestina.....	Ba.	15 ⊙ ♃	5fd.1b.2b.3bc.4cd.	ma.js.ao.
rameux.	ramosa..........	B.	20 à 30 ⊙	2ab.3bc.4bc.	j jt. J a.
— rose.	— rosea	Ro.	20 à 30 ⊙	2ab.3bc.4bc.	j jt.jt a.
écarlate.	cardinalis........	C.	70 ♃	7dbh.5fd.11.	m s.jt o.
— Queen-Victoria	— Queen Victoria.	E.	70 ♃	7dbh.5fd.11.	m s.jt o.
syphilitique.	syphilitica	B.	60 à 70 ♃	7db.5fd.	a o.
— à fleur blanche.	— alba	Bl.	60 à 70 ♃	7db.5fd.	a o.
de Fabre.	Fabri	V.Vé.	60 à 70 ♃	7db.5fdh.11.	a o.
vivaces hybrides de syphilitica, etc.	var.............	Vé.	60 à 70 ♃	7dbh.5fd.11.	a o.

Lonas (Athanasia). LONAS. *Composées.*

inodore.	inodora (Athanasia annua)........	J.	15 à 25 ⊙	3bc.4bc.	j a.

Lopézie. LOPEZIA. *Œnothérées.*					
en couronne.	coronata.........	Ro.	40 à 60 ⊙♃	2bc, 3bc, ibc, 11.	jt o.
Lophospermum. LOPHOSPERMUM. *Scrofularinées.*					
grimpant.	scandens	Ro.	300 ⊙♃	1a, 6abe.	a o, jt o.
— d'Anderson.	— Andersonii, ...	Cm. Bl.	300 ⊙♃	1a, 6abe.	a o, jt o.
Lotier. TETRAGONOLOBUS. *Papilionacées.*					
cultivé *ou* pourpre.	purpureus	E.	30 à 40 ⊙	4abc.	jt a.
— nain.	— nanus........	E.	20 à 25 ⊙	4abc.	jt a.
Lotier. LOTUS. *Papilionacées.*					
Saint-Jacques.	Jacobaeus.... ...	M.	60 ⊙♃	1b, 2abcd, 11.	jt s.
Lunaire. LUNARIA. *Crucifères.*					
annuelle, Monnaie du Pape.	annua *vel* biennis..	Vp.	50 à 100 ♂	5b, 6abdfh.	m j.
vivace.	rediviva.......	Bp. G.	40 à 60 ♃	7ca, 7bd.	j jt.
Lupin. LUPINUS. *Papilionacées.*					
petit bleu *ou* bigarré.	varius...........	B. Bl.	40 à 50 ⊙	4bc.	jt s.
grand bleu.	hirsutus *vel* pilosus	B.	50 à 60 ⊙	4bc.	jt s.
— var. rose.	— roseus........	Ropa.	60 ⊙	4bc.	jt s.
— var. blanche.	— albus	Bl.	60 ⊙	4bc.	jt s.
jaune odorant.	luteus...........	J.	50 à 60 ⊙	4bc.	jt s.
nain.	nanus...........	B. Bl.	20 à 30 ⊙	4bc.	jt s.
— à fleur blanche.	— flore albo.....	Bll.	30 ⊙	4bc.	jt s.
changeant.	mutabilis........	Blr. J.	100 à 150 ⊙	4bc.	a s.
— de Cruikshank.	— Cruikshankii..	B. Bl. J.	100 à 150 ⊙	4bc.	a s.
— — hybride.	— — hybridus...	B. Vé.	100 à 150 ⊙	4bc.	a s.
jaune soufre.	sulphureus..... .	J.	40 à 50 ⊙	4bc.	jt a.
— brun.	— var..........	Br.	40 à 50 ⊙	4bc.	jt a.
de Guatemala.	Guatemalensis....	B. Bl.	70 ⊙	4bc.	a s.
pubescent.	pubescens........	Bf. V. Bl.	60 à 70 ⊙	4bc.	j s o.
tricolore élégant.	tricolor elegans...	Bl. Vf.	50 ⊙	4bc.	j jt a.
speciosus.	speciosus.........	Bp. V.	40 ⊙	4bc.	j a.
subramosus (subcharnu).	subramosus (subcarnosus)......	Bf.	30 à 40 ⊙	4bc.	jt s.
de Hartweg.	Hartwegii........	B. H.	50 à 60 ⊙♃	7bde, 1e.	j jt, s o.
en arbre.	arboreus	Jp.	200 ♃	4bcd.	j jt.
polyphylle varié.	polyphyllus......	B. Vé.	70 à 150 ♃	4bcd, 7bd.	j jt.
— blanc.	albus............	Bl.	70 à 150 ⊙	4bcd, 7bd.	j jt
macrophylle.	macrophyllus.....	Rb.	150 ♃	4bcd, 7bd.	j jt.
plusieurs autres espèces.					
Lychnide. LYCHNIS. *Silénées.*					
éclatante.	fulgens......... ..	E.	25 à 50 ♃	3b, 7ca, 7dbh, 7f.	s o, j a.
de Haage *ou* hybride.	Haageana (hybrida).	O. Ro.	25 à 50 ♃	3b, 7ca, 7dbh, 7f, 6j.	s o, j a.
— à fleur blanche.	— flore albo.....	Bl.	25 à 50 ♃	3b, 7ca, 7dbh, 7f, 6j.	s o, j a.

Lychnide. LYCHNIS (*Suite*).

croix de Jérusalem rouge.	Chalcedonica.....	E.	60 à 100 ♃ ⨀	7acf. 8.	j jt. s o
— blanche.	— alba.........	Bl.	60 à 100 ♃ ⨀	7acf. 8.	j jt. s o.
— couleur de chair *ou* changeante.	— carnea (rosea *vel* mutabilis).....	C.	60 à 100 ♃ ⨀	7acf. 8.	j jt. s o.
visqueuse.	viscaria..........	Ro.	30 à 40 ♃	7ca.	m j.
de Presl (multiflore).	Presli (multiflora).	Ro.	30 à 50 ⨀ ♃	7ca. 7fe. 6b. 2a.	j jt a.
sauvage à fleur rouge.	diurna flore rubro.	Ro. Cm.	75 ♃	7ca. 7db.	j a.
de Laponie.	Laponica.........	Ro.	20 à 25 ♃	7ca. 7db.	j a.
fleur de Coucou (Lampette).	floscuculi........	Ro.	30 à 60 ♃	7ca. 7db.	m jt.

Lychnis coronaria. *Voy.* COQUELOURDE.
flos Jovis. *Voy.* COQUELOURDE.

Lysimaque. LYSIMACHIA. *Primulacées.*

commune.	vulgaris.........	J.	80 à 150 ♃ aq.	7ca.	m j. jt a.

Lythrum. *Voy.* SALICAIRE.

Machéranthère. MACHÆRANTHERA (ASTER). *Composées.*

à feuilles de Tanaisie.	tanacetifolia.....	Bp. Lb.	20 à 30 ⨀	5c. 4bc. 7ef.	j jt. a o.

Mâcre. TRAPA. *Halorágées.*

nageante (Châtaigne d'eau).	natans..........	Fle. Fr.	♃ aq.	5a (*dans l'eau*).	j o.

Madia. MADIA (MADARIA). *Composées.*

élégant.	elegans..........	J. Br.	80 à 100 ⨀	4bc.	jt a.

Malcolmia. *Voy.* JULIENNE.

Malope. MALOPE. *Malvacées.*

à trois lobes.	trifida...........	Ro. P.	100 ⨀	3bc. 4bc.	j a.
à grande fleur.	grandiflora.......	Cm.	100 ⨀	3bc. 4bc.	j a.
— blanche.	— alba..........	Bl.	100 ⨀	3bc. 4bc.	j a.
fausse Malope.	malacoides.......	Ro.	100 à 150 ⨀	3bc. 4bc. 1d. 2ad.	jt o.

Malva. *Voy.* MAUVE.

Martynia. MARTYNIA. *Pédalinées.*

annuel. Cornaret.	annua *vel* proboscidea.......	Ro. Pet. J. Fr.	40 à 50 ⨀	4bc. 2abcd. 2ef.	j s.
pourpre odorant.	fragans *vel* formosa.........	Rve. Cm. Fr.	50 ⨀	4bc. 2abcd. 2ef.	j s.
jaune.	lutea............	J.	50 ⨀	4bc. 2abcd. 2ef.	j s.

Massette. TYPHA. *Typhacées.*

à large feuille.	latifolia.........	Fle. N.	150 ♃ aq.	7db. 7ca.	j s.

Matricaire. MATRICARIA. *Composées.*

double.	parthenium flore pleno.........	Bl.	60 ⊙ ♃	5b. 5c. 7ea. 7fh. 8.	j jt. a o.
mandiane double.	parthenoides. Anthemis parthen. flore pleno.....	Bl.	60 ⊙ ♃	5b. 5c. 7ea. 7fh. 8.	j jt. a o.
remarquable.	eximia..........	Bl.	35 ⊙ ♃	5b. 5c. 7ea. 7fh. 8.	j jt. a o.

Matthiola. *Voy.* GIROFLÉE.

Maurandie. MAURANDIA. *Scrofularinées.*

de Barclay.	Barclayana.......	V.	300 ⊙ ♃ grp.	1b. 2abde. 6abcj. 7f.	a o. j o.
— à fleur rose vif.	— scarlet.......	Rov.	300 ⊙ ♃ grp.	1b. 2abde. 6abcj. 7f.	a o. j o.
— — lilas.	— flore lilaceo...	L.	300 ⊙ ♃ grp.	1b. 2abde. 6abcj. 7f.	a o. j o.
— var. de Lucey.	— var Luceyana..	Ro.	300 ⊙ ♃ grp.	1b. 2abde. 6abcj. 7f.	a o. j o.
à fleur de Muflier.	antirrhiniflora....	Rov.	300 ⊙ ♃ grp.	1b. 2abde. 6abcj. 7f.	a o. j o.
à fleur blanche.	alba *vel* albiflora.	Bl.	300 ⊙ ♃ grp.	1b. 2abde. 6abcj. 7f.	a o. j o.

Mauve. MALVA. *Malvacées.*

de l'Ile de France *ou* Mauve d'Alger.	Mauritiana *vel* Zebrina........	Ro. Sé. V.	100 à 150 ⊙ ♃	3bc. 4bc. 6fh. 5ab.	jt o.
frisée.	crispa..........	Pit. Fle.	150 à 200 ⊙	3bc. 4bc.	jt s.
musquée.	moschata........	Ro.	60 ⊙ ♃	7ca. 6f. 2ab. 4bc	j jt. jt a.
— à fl. blanche.	— alba..........	Bl.	60 ⊙ ♃	7ca. 6f. 2ab. 4bc.	j jt. jt a.
rouge.	miniata..........	Rv.	50 à 60 ⊙ ♃	2ab. 2ef. 11.	jt o.

Meconopsis cambrica. *Voy.* PAVOT cambrique.

Medicago polymorpha var. scutellata. *Voy.* LIMAÇON.

Mélianthe. MELIANTHUS. *Zygophyllées.*

grand.	major...........	Fle. Pit	75 à 100 ⊙ ♃	7f. 10a. 11.	jt o.

Mélilot. MELILOTUS. *Papilionacées.*

bleu. Baume du Pérou.	cærulea.........	Bp.	30 à 40 ⊙	4abc.	jt a.

Mélitte. MELITTIS. *Labiées.*

des bois.	melissophyllum...	Bl. Pel. R.	50 ♃	7db.	m j.

Melon du Malabar. *Voy.* COURGE.

Ményanthe. MENYANTHES. *Gentianées.*

Trèfle d'eau.	trifoliata.........	Bl. Fle.	30 ♃ aq.	7bd. 7ca. 12a.	m j.

Mesembryanthemum. *Voy.* FICOÏDE.

Michauxie. MICHAUXIA. *Campanulacées.*

à fl. de Campanule.	campanuloides....	Bl.	150	6cegij. 4cd.	j jt a.

Microsperma. *Voy.* Eucnide.

Mignardise. *Voy.* Œillet d'Écosse.

Millefeuille. *Voy.* Achillée.

Mimosa pudica. *Voy.* Sensitive.

Mimule. Mimulus. *Scrofularinées.*

ponctué.	punctatus.	J. Pct. Br.	30 ⊙♃	5def. 2ab. 6j.	m a. j s.
maculé *ou* à grande fleur.	speciosus	J. Mé. Br.	30 ⊙♃	5def. 2ab. 6j.	m jt. j s.
— var. rubinus.	— rubinus	J. Mé. Br.	30 ⊙♃	5def. 2ab. 6j.	m jt. j s.
arlequin fond blanc.	variegatus var. . . .	Bl. P.	25 ⊙♃	5def. 2ab. 6j.	m jt. j jt.
— fond jaune.	— var.	J. P.	25 ⊙♃	5def. 2ab. 6j.	m jt. j jt.
cuivré.	cupreus	Rc. Mo.	20 à 25 ⊙♃	5def. 2ab. 6j.	m a. j s.
— hybride varié.	— hybridus mixtæ var.	Vé. Pé. Pct.	20 à 25 ⊙♃	5def. 2ab. 6j.	m a. j s.
— — cinabre.	— cinabarinus . . .	Rv. Rci.	20 à 25 ⊙♃	5def. 2ab. 6j.	m a. j s.
— — rose fond blanc.	— roseus.	Ch. Blr. Pé. Vé.	20 à 25 ⊙♃	5def. 2ab. 6j.	m a. j s.
écarlate.	cardinalis.	R.	50 ⊙♃	5df. 2ab. 6j.	m jt. j s.
— d'Hudson (rose).	— Hudsoni.	Ro.	50 ⊙♃	5df. 2ab. 6j.	m jt. j s.
— varié.	— mixtæ var. . . .	Vé.	30 ⊙♃	5df. 2ab. 6j.	m jt. j s.
musqué.	moschatus	Fod. J.	10 ⊙♃	5d. 2abde. 6bcdj.	m o. j o.

Mirabilis Jalapa. *Voy.* Belle-de-nuit.

Molène. Verbascum. *Scrofularinées.*

bleue *ou* pourpre.	phœniceum	V.	100 ⊙♃	7ca. 5d. 6ij.	m a.

Momordique. Momordica. *Cucurbitacées.*

Pomme de merveille.	Balsamina	Fr.	200 ⊙	2b. 2cd. 2ef.	jt o.
à feuille de Vigne.	Charantia.	Fr.	200 ⊙	2b. 2cd. 2ef.	jt o.
Concombre d'attrape *ou* Giclet.	elaterium.	Fr.	30 ♃	7c. 4ab. 5ae.	jt s.

Monachyron. *Voy.* Tricholæna.

Monarde. Monarda. *Labiées.*

fistuleuse.	fistulosa	Rop. Rov.	50 à 80 ♃	7ca.	j a.

Monnaie du pape. *Voy.* Lunaire annuelle.

Monolopia. Monolopia. *Composées.*

de Californie.	Californica (Lasthenia)	J.	30 à 40 ⊙	5d. 4bc.	av j. jt s.

Morée. Moræa. *Iridées.*

de la Chine.	Sinensis.	Jbr. Rbr. Rc.	60 ♃	7db. 11.	jt a.

Morelle. Solanum. *Solanées.*

Douce amère.	dulcamara.	V. Fr. Grp.	200 ♃	7db. 7ca.	j s.

Morelle. SOLANUM (*Suite*).

du Texas.	Texanum........	Fr.	75 ⊙		2abc. 7fi. 11.	o l.
noir pourpre.	atropurpureum...	Fle.	150 ⊙		2abc. 7fi. 11.	jt o.
à feuille laciniée.	laciniatum.......	V.	200 ⊙ ♃		2abc. 7fi. 11.	jt o.
à feuille de Pastèque.	citrullifolium.....	L.	50 à 60 ⊙		2abc.	jt o.
à fruit de Capsicum.	capsicastrum.....	Fr.	20 ♃		6ac. 1d. 2abc. 7fi.	j o.
à feuille de Vélar.	sisymbriifolium.	Bl. Pil. Fle.	80 à 100 ⊙		2abc.	jt o.
à feuille marginée.	marginatum.....	Fle. Pil.	100 ⊙ ♃		2abcd. 7fi. 11.	jt o.
ferrugineuse.	ferrugineum.....	Fle. Pil.	100 à 150 ⊙ ♃		2abc. 7fi. 11.	jt o.
robuste.	robustum........	Fle. Pil.	100 à 150 ⊙ ♃		2abc. 7fi. 11.	jt o.
gigantesque.	giganteum.......	Fle. Pil.	100 à 150 ⊙ ♃		2abc. 7fi. 11.	jt o.
à épines couleur de feu.	pyracanthum.....	Fle. Pil.	100 ⊙ ♃		2abc. 7fi. 11	jt o.
Gilo.	Gilo.............	Fr.	100 ⊙ ♃		2abc. 7fi. 11.	a o.
à œufs (Aubergine blanche ronde, pondeuse.	ovigerum........	Fr.	40 à 50 ⊙		2abc. 7fi.	a o.
Aubergine à fruit écarlate.	speciosum........	Fr.	70 à 75 ⊙		2abc. 7fi.	j .
d'Éthiopie.	Æthiopicum......	V.	50 à 60 ⊙ ♃		2abc. 7fi. 11.	jt o.
cerasiforme.	cerasiforme......	J. Fr.	⊙ ♃		2abc. 7fi.	a o.
très-épineuse.	aculeatissimum...	Fr.	⊙ ♃		2abc. 7fi.	jt o.
porc-épic.	histrix...........	Fr.	⊙ ♃		2abc. 7fi.	jt o.
du Japon.	Rantonetii (Japonicum)........	V.	⊙ ♃		2abc. 7fi. 11.	jt o.
à feuille de Molène.	auriculatum *vel* verbascifolium..	Fle. Pil.	100 à 150 ⊙ ♃		2abc. 7fi. 11.	jt o.

Morine. MORINA. *Dipsacées.*

à longue feuille.	longifolia........	Bl. Ro.	50 à 100 ♃	7dbh. 6gij.	a jt.

Morna nitida. *Voy.* WAITZIA et CHRYSOCÉPHALE.

Mouron. *Voy.* ANAGALLIS.

Muflier. ANTIRRHINUM. *Scrofularinées.*

grand mufle de veau, gueule de loup, varié.	majus, mixtæ varietates.......	Vé.	50 à 75 ⊙ ♃	5c. 7a. 3b. 8.	j o. jt o.

par couleurs séparées.

bicolore blanc et rouge pourpre.
blanc.
caryophylloides panaché rouge et blanc.
— — rouge et jaune.
jaune.
blanc et rose strié pourpre.
rose cuivré, lèvre inférieure jaune.
rouge violacé à lèvre jaune.
pourpre.
et plusieurs autres variétés.

Muflier. ANTIRRHINUM (*Suite*).

nain varié (Tom-Pouce).	var. nanus *vel* pumilus mixtæ var.		20 à 30 ☉ ♃	5c. 7a. 3b. 8.	j o. jt o.
plusieurs couleurs séparées.					

Muguet. CONVALLARIA. *Liliacées.*

de mai.	majalis..........	Bl.	15 ♃	7db. 7ca. 12a.	av m.
verticillé.	verticillata.......	Bl.	40 à 50 ♃	7db. 7ca. 12a.	av m.
sceau de Salomon.	polygonatum.....	Bl.	30 à 40 ♃	7db. 7ca. 12a.	av m.
multiflore.	— multiflorum...	Bl.	40 ♃	7db. 7ca. 12a.	av m.
du Japon (Herbe aux Turquoises).	Japonica (Ophiopogon Japonicum).	Blr. Fr. B.	20 à 25 ♃	12b. 2abcdef. 6j. 7h. 11.	av m. s n.

Muscari. MUSCARI. *Liliacées.*

chevelu.	comosum........	V.	40 ♃	7db. 12a.	m jt.

Muscipula des jardiniers. *Voy.* SILÈNE à bouquet.

Myosotis. MYOSOTIS. *Borraginées.*

Scorpione des marais *ou* Souvenez-vous-de-moi.	palustris.........	Ba.	20 à 25 ♃	5abfg. 4bc. 7c. 6f.	m o.
des Alpes.	Alpestris..........	Bp.	20 à 35 ☉ ♃	5abfg. 6ab. 4abc.	av j.
— à fleur blanche.	— flore albo.....	Bl.	20 à 35 ☉ ♃	5abfg. 6ab. 4abc.	av j.
des Açores.	Azorica..........	Bf.	30 ♃	6abcj.	av j.

Narcisse. NARCISSUS. *Amaryllidées.*

des poëtes.	poeticus.........	Bl.	50 ♃	7db. 12a.	av m.

Némésie. NEMESIA. *Scrofularinées.*

trapue élégante.	compacta elegans.	L. Bl.	30 à 40 ☉	5cd. 4bc.	m j. jt a.

Némophile. NEMOPHILA. *Hydrophyllées.*

remarquable.	insignis..........	Ba. Bl.	20 ☉	5ce. 4abcd. 9.	m j. j a.
— à fleur blanche.	— var. alba......	Bl.	20 ☉	5ce. 4abcd. 9.	m j. j a.
— bleu bordé de blanc.	— albo marginata.	Ba. Bl.	20 ☉	5ce. 4abcd. 9.	m j. j a.
— blanc panaché bleu.	— albo variegata..	Ba. Bl.	20 ☉	5ce. 4abcd. 9.	m j. j a.
maculé *ou* à grandes taches.	maculata........	Bl. Mé. Vf.	20 ☉	5ce. 4abcd. 9.	m j. j a.
à disque brun *ou* noir.	discoidalis........	N. Bl.	20 ☉	5ce. 4abcd. 9.	m j. j a.
— var. élégante.	— elegans........	N. Bl.	20 ☉	5ce. 4abcd. 9.	m j. j a.
— var. tachée.	— punctata......	N. Bl.	20 ☉	5ce. 4abcd. 9.	m j. j a.
— à fleur bleue.	— cærulea......	Bp.	20 ☉	5ce. 4abcd. 9.	m j. j a.
ponctué.	atomaria........	Bl. Pet. N.	20 ☉	5ce. 4abcd. 9.	m j. j a.
— à œil pourpre.	— oculata	Vp. Bl. B.	20 ☉	5ce. 4abcd. 9.	m j. j a.

Nénuphar. Nymphæa. *Nymphæacées.*

blanc. Lis d'eau.	alba	Bl.	♃ aq.	7db.7ca.6gi. (*dans l'eau*).	j jt. a s.
jaune.	lutea.	J.	♃ aq.	7db.7ca.6gi. *dans l'eau*).	j jt. a s.

Nepeta. Nepeta. *Labiées.*

de Meyer.	Meyeri	Ba.	20 à 30 ♃	7f.7ca.7db.	j s.
à grande fl. (Dracocéphale de Sibérie).	macrantha		30 à 40 ♃	7ca.7db.	j s.

Nicandre. Nicandra. *Solanées.*

du Pérou.	physalodes.	Bp. G.	100 ⊙	3bc.4bc.	jt s.

Nicotiana. *Voy.* Tabac.

Nierembergie. Nierembergia. *Solanées.*

grêle.	gracilis.	L. Bl.	40 ⊙ ♃	5d.2ad.2ef.5f.11.	m a. j o.
frutescente.	frutescens.	L. Bl.	40 à 60 ⊙ ♃	6j.	m o.

Nigelle. Nigella. *Renonculacées.*

de Damas. Patte d'araignée.	Damascena.	B.	50 ⊙	4abc.	jt s.
— naine.	— nana.	Bp.	25 à 30 ⊙	4abc.	jt s.
d'Espagne.	Hispanica	Bp.	60 ⊙	4abc.	jt s.
— pourpre.	— atropurpurea. .	Vpé.	50 à 60 ⊙	4abc.	jt s.

Nivéole. Leucoium. *Amaryllidées.*

d'été *ou* à bouquet.	æstivum	Bl.	50 ♃	7db.7ca.12a.	av m.

Nolane. Nolana. *Nolanées.*

couchée.	prostrata	Bp. Sé. N.	15 ⊙	3bc.4bc.2ef.	j s. jt s.
à feuille d'Arroche.	atriplicifolia.	B. J.	15 ⊙	3bc.4bc.2ef.	j s.
à grande fl. blanche.	grandiflora alba. ..	Bl.	15 ⊙	3bc.4bc.2ef.	j s.

Nyctérinie. Nycterinia. *Scrofularinées.*

du Cap.	Capensis.	Bl.	30 à 35 ⊙ ♃	2abcd.5d.6j.2ef.	jt s. m jt.
à fl^le^ de Sélagine.	selaginoides	Blr.	10 à 20 ⊙	2abcd.5d.6j.2ef.	m jt. jt s.

Nymphæa. *Voy.* Nénuphar.

Obeliscaria. *Voy.* Rudbeckia.

Ocimum. *Voy.* Basilic.

Œil de paon. *Voy.* Tigridie.

Œillet. Dianthus. *Silénées.*

double ordinaire.	caryophyllus	Vé.	60 ♂ ♃	7ca.7db.	j jt a.
— nain hâtif (Œillet de Vienne).	— var.	Vé.	30 à 40 ♂ ♃	7ca.7db.	j jt a.
— flamand.	— var.	Bl. Pé. Vé.	50 à 60 ♂ ♃	7ca.7db.	j jt a.
— de fantaisie varié.	— var.	Pé. Vé.	50 à 60 ♂ ♃	7ca.7db.	j jt a.
— — fond blanc.	— var.	Bl. Pé. Vé.	50 à 60 ♂ ♃	7ca.7db.	j jt a.
— — — jaune.	— var.	J. Pé. Vé.	50 à 60 ♂ ♃	7ca.7db.	j jt a.
— — — ardoisé.	— var.	Bt. Pé. Vé.	50 à 60 ♂ ♃	7ca.7db.	j jt a.
— remontant.	— var.	Vé.	50 à 60 ♃	7ca.7db.	j jt a.

Œillet. Dianthus (*Suite*).

mignardise d'Écosse.	moschatus var. Scoticus.........	Vé.	30	♃	7ca. 7db.	m j jt.
superbe.	superbus.........	Blr.	30 à 40	♃	7caf. 7db. 5f. 6fg.	j a. a s.
— nain.	— nanus.........	Blr.	20	♃	7caf. 7db. 5f. 6fg.	m j jt. a s.
de Gardner.	Gardneri.........	Vé.	30	♃	5bc. 2b. 3b.	j a. jt o.
Brown's mule pink.	Brown's mule pink.	Ro. Rp.	25 à 30	⊙	5abdc. 2b. 3b. 4bc. 8.	j a. jt o.
de la Chine, à fleur double varié.	Sinensis fl. pleno..	Vé.	20 à 30	⊙	5abdc. 2b. 3bc. 4bc. 8.	j a. jt s.
— — très-nain.	— pumilus.......	Vé.	15	⊙	5abdc. 2b. 3bc. 4bc. 8.	j a. jt s.
— — blanc panaché.	— variegata fl. pl..	Bl. C.	20 à 30	⊙	5abdc. 2b. 3bc. 4bc. 8.	j a. jt s.
— à large feuille à fleur double.	— latifolius fl. pl..	Vé.	20 à 30	⊙	5ab. 2b. 3bc. 4bc. 8.	j a. jt s.
— de Heddewig.	— Heddewigii....	P. Bl. Ro.	20 à 30	⊙	5ab. 2b. 3bc. 4bc. 8.	j a. jt s.
— à pétales laciniés.	— laciniatus......	P. Bl. Ro.	20 à 30	⊙	5ab. 2b. 3bc. 4bc. 8.	j a. jt s.
— nain très-rouge.	— nanus atrosanguineus.......	Ro.	15	⊙	5ab. 2b. 3bc. 4bc. 8.	j a. jt s.
de poëte.	Barbatus.........	Vé.	30 à 40	♃	6da. 7ca.	j jt.
— à fl. panachées.	— variegatus....	Vé.	30 à 40	♃	6da. 7ca.	j jt.
— — doubles.	— flore pleno....	Vé.	30 à 40	♃	6da. 7ca.	j a.
— — oculées-marginées.	— oculatus-marginatus..........	Vé.	30 à 40	♃	6da. 7ca.	j jt.
deltoïde.	deltoides.........	R. Sé. Bl.	20 à 25	♃	7ca. 7db.	j a.
des Alpes.	Alpestris.........	R.	15	♃	7db.	j jt.
des collines.	collinus..........	Rov.	20	♃	7db.	jt s.
dentelé.	dentosus (dentatus)	L. V.	10 à 20	⊙ ♃	7ca. 7db. 5f. 5b. 3b.	m j s.
— hybride.	— hybridus......	Vé.	10 à 25	⊙ ♃	7ca. 7db. 5f. 5b. 3b.	m j s.
bleuâtre.	cœsius...........	Rop.	10 à 15	♃	7ca. 7db. 5f. 5b. 3b.	m j.
de Montpellier.	Monspessulanus...	Bl.	20 à 25	♃	7ca. 7db. 5f. 5b. 3b.	jt a.
très-rouge.	atrorubens.......	Rs.	30 à 40	♃	7ca. 7db.	j a.

d'Inde. *Voy.* Tagétès.

Œnothera. *Voy.* Énothère.

Omphalodes. *Voy.* Cynoglosse.

Onobrichys crista galli. *Voy.* Hérisson.

Ononis. *Voy.* Bugrane.

Onopordon. Onopordon. *Composées.*

d'Arabie.	Arabicum.......	Pit.	150 à 200	⊙	5fg. 5ag. 6fghi. 4ab.	m jt. jt o.
d'Illyrie.	Illyricum.......	Pit.	150 à 200	⊙	5fg. 5ag. 6fghi. 4ab.	m jt. jt o.
à feuille d'Acanthe.	acanthium.......	Pit.	150	⊙	5fg. 5ag. 6fghi. 4ab.	m jt. jt o.

Oreille d'ours. *Voy.* Primevère Auricule.

Orge. HORDEUM. *Graminées.*					
à épi en crinière.	jubatum	Ep. Ap.	50 à 60 ⊙	5abe. 4be.	j o. jt o.
Ornithogale. ORNITHOGALUM. *Liliacées.*					
des Pyrénées.	Pyrenaicum	Bl.	70 ♃	7db. 12a.	m j.
et plusieurs autres espèces.					
Orobe. OROBUS. *Papilionacées.*					
noir.	niger	Rbr.	60 ♃	7ca. 7db. 12a.	j jt.
printanier.	vernus	Bp.	30 ♃	7db. 12a.	av m.
jaune.	luteus	J.	50 ♃	7db. 12a.	av m.
Orpin. *Voy.* SEDUM.					
Oseille. RUMEX. *Polygonées.*					
Patience.	Patientia	Pit. Fle.	150 à 200 ♃ aq.	7ca. 6fh.	m o.
à longue feuille.	hydrolapathum	Pit. Fle.	150 à 200 ♃ aq.	7ca. 6fh.	m o.
Oxalide. OXALIS. *Oxalidées.*					
à fleur rose.	rosea	Ro.	15 à 20 ⊙	5d. 2bef. 4bed.	m jt. j a.
florifère rose.	floribunda rosea	Ro.	20 à 25 ⊙ ♃	7ca. 7db. 7f. 7g. 11.	j o.
— blanche.	— alba	Bl.	20 à 25 ⊙ ♃	7ca. 7db. 7f. 7g. 11.	j o.
corniculé à feuilles pourpres.	corniculata foliis atropurpureis Ox. tropaeoloides	Fle. J.	10 ⊙ ♃	5d. 2bef. 4bed.	m jt.
Oxypetalum. *Voy.* TWEEDIA.					
Oxyure. OXYURA. *Composées.*					
à feuille de Chrysanthème.	chrysanthemoides, *Lindl.* non DC.; (Callichroa Douglasii, *Torr. et Gray*)	J. Bl.	25 à 30 ⊙	5de. 4be. 3be.	m j. j jt.
Pæonia. *Voy.* PIVOINE.					
Pagarille. *Voy.* CAPUCINE des Canaries.					
Palafoxia. PALAFOXIA. *Composées.*					
du Texas.	Texana	L.	40 à 60 ⊙	2be. 2ef. 7f.	j o.
de Hooker.	Hookeriana	Rop.	30 à 40 ⊙	2abe. 2ef. 7f.	j o.
Palma-Christi. *Voy.* RICIN.					
Panicaut. ERYNGIUM. *Ombellifères.*					
Améthyste.	amethystinum	Bl.	50 à 60 ♃	7ca. 7db. 12a.	jt s.
des Alpes.	Alpinum	Bl.	50 à 60 ♃	7ca. 7db. 12a.	jt a.
Panis. PANICUM. *Graminées.*					
effilé.	virgatum	Ap. Pit. Fle.	100 à 150	7ca.	j o.
élevé, Herbe de Guinée.	altissimum	Ap. Pit. Fle.	100 à 150	7ca.	j o.

Panis. PANICUM *(Suite)*.

capillaire.	capillare (Eragrostis elegans).......	Ap. Ep.	50 à 60 ☉	4bcd.	jt s.

Papaver. *Voy.* PAVOT.
Rhœas. *Voy.* COQUELICOT.

Pâquerette. BELLIS. *Composées.*

petite des champs.	perennis.........	Bl.	10 ♃	6bf. 5b. 3ab. 7ca.	ms o.
double des jardins.	— flore pleno....	Vé.	10 ♃	6bf. 5b. 3ab. 7ca.	ms o.

Parnassie. PARNASSIA. *Droséracées.*

des marais.	palustris.........	Bl.	30 ♃	7db. 12a.	j s.

Passe Rose. *Voy.* ROSE-TRÉMIÈRE.

Patience. *Voy.* OSEILLE.

Passe-velours. *Voy.* AMARANTE crête de coq.

Patte d'araignée. *Voy.* NIGELLE.

Pavot. PAPAVER. *Papavéracées.*

double varié.	somniferum fl. pl. mixtæ var.....	Vé.	100 ☉	5ae. 4ab.	m j. j jt.

par couleurs séparées.

à fleur de Pivoine *ou* à pétales entiers.

lilas cramoisi.	écarlate lamé violet.
— clair pointé carmin.	— et blanc.
cendré foncé.	blanc.
violet foncé.	nain blanc liséré.
gris de lin.	noir lamé feu, pétales frisés et entiers.
amarante.	rose vif nuancé lilas.
rose.	nain blanc bordé lilas.
— cerise.	violet foncé.
— vif.	blanc panaché rouge *ou* blanc bordé
rouge.	rouge.

à pétales frangés *ou* frisés.

ponceau.	bichon.
rouge clair.	écarlate.
grenat.	carné bordé rose.
rose nuancé cramoisi.	

Coquelicot double varié.	Rhœas flore pleno.	Vé.	60 ☉	5ae. 5b. 4abc.	m j. j a.
de Tournefort.	Orientale........	Rv. O. N.	100 ♃	7ca. 7db.	m j.
à bractées.	bracteatum	E. Rs. N.	130 ♃	7ca. 7db.	m j.
cambrique.	cambricum. Méconopsis cambrica.	J.	30 à 40 ♃	4b. 5ab. 7ca. 7e. 4de.	j jt a.
safrané.	croceum.........	Jo.	30 à 40 ♃	4b. 5ab. 7ca. 7e. 4de.	j jt a.

Pédiculaire. PEDICULARIS. *Scrofularinées.*

des marais.	palustris.........	Ro.	40 ♂ ♃	7db. 12a.	m a.
verticillée.	verticillata	P.	30 ♃	7db. 12a.	m j.

Pennisetum. Pennisetum. *Graminées.*

velu *ou* à long style.	villosum (longistylum)	Ap. Fp.	50 à 75	⊙♃	4b, 2ab. 7f. 11.	jl s.

Pensée. Viola. *Violacées.*

des jardins vivace à grande fleur *ou* anglaise.	tricolor grandiflora *vel* perennis....	Vé.	15	⊙♃	5abc. 6b. 6fghi. 3abc. 4ab. 8 et 9.	av s.
— — — à grandes macules.	tricolor grandiflora var.	Vé.	15	⊙♃	5abc. 6b 6fghi. 3abc. 4ab. 8 et 9.	av s.
— — — cuivrée.	— — var. cuprea.	Cv.	15	⊙♃	5abc. 6b. 6fghi. 3abc. 4ab. 8 et 9.	av s.
— — — panachée.	— — variegata ..	Pé. Vé.	15	⊙♃	5abc. 6b. 6fghi. 3abc. 4ab. 8 et 9.	av s.
— — violette *ou* pourpre bordée blanc.	— — var	Vf. Bl.	15	⊙♃	5abc. 6b. 6fghi. 3abc. 4ab. 8 et 9.	av s.
bleu de ciel *ou* bleu clair.	var. cærulea (azurea)..........	Ba.	15	⊙♃	5abc. 6b. 6fghi. 3abc. 4ab. 8 et 9.	av s.
— foncé.	var. atrocærulea..	Bf.	15	⊙♃	5abc. 6b. 6fghi. 3abc. 4ab. 8 et 9.	av s.
blanche.	var. albiflora.....	Bl.	15	⊙♃	5abc. 6b. 6fghi. 3abc. 4ab. 8 et 9.	av s.
bronzée à fleur d'Auricule.	var. auriculæflora.	Vé.	15	⊙♃	5abc. 6b. 6fghi. 3abc. 4ab. 8 et 9.	av s.
noire Faust (Roi des noirs).	var. nigra......	N.	15	⊙♃	5abc. 6b. 6fghi. 3abc. 4ab. 8 et 9.	av s.
pourpre bordée jaune *ou* pourpre et jaune.	var. purpurea marginata aurea....	Vé.	15	⊙♃	5abc. 6b. 6fghi. 3abc. 4ab. 8 et 9.	av s.

Pentstemon. Pentstemum. *Scrofularinées.*

gentianoïde.	gentianoides......	A.	60	⊙♃	6abfj. 1b. 2ab. 11.	m o. a o.
— écarlate.	— coccineum	E.	60	⊙♃	6abfj. 1b. 2ab. 11.	m o. a o.
— — grand.	— — majus.....	E.	60	⊙♃	6abfj. 1b. 2ab. 11.	m o. a o.
— de Buick.	— Buickii.......	E. Bl.	60	⊙♃	6abfj. 1b. 2ab. 11.	m o. a o.

Pentstemon. PENTSTEMUM *(Suite)*.

Gentianoïde rose.	Gentianoides roseum	Ro.	60 ⊙ ♃	6abfj.1b.2ab.11.	m o. a o.
— blanc.	album.........	Bl.	60 ⊙ ♃	6abfj.1b.2ab.11.	m o. a o.
— (de Hartweg) bleu de ciel.	— (Hartwegii) cæruleum........	B.	60 ⊙ ♃	6abfj.1b.2ab.11.	m o. a o.
— varié.	— mixtæ var....	V.	60 ⊙ ♃	6abfj.1b.2ab.11.	m o. a o.
hybride varié.	hybridum var....	Vé.	50 à 100 ⊙ ♃	6abfj.1b.2ab.11.	m o. a o.
gentil.	pulchellum (Campanulatus).....	Vé.	80 ♃ ⊙	6abfj.1b.2ab.11.	jt o.m o.
— violet noirâtre.	— atroviolaceum d°	Vf.	80 ♃ ⊙	6abfj.1b.2ab.11.	jt o. m o.
— pourpre.	— purpureum d°..	P.	80 ♃ ⊙	6abfj.1b.2ab.11.	jt o. m o.
élégant rose.	elegans roseum d°.	Rov.	90 ♃ ⊙	6abfj.1b.2ab.11.	m o. a o.
elegans et puchellum variés.......d°		Vé.	50 à 100 ♃ ⊙	6abfj.1b.2ab.11.	m o. a o.
pubescent.	pubescens........	L.	80 ♃	6abc.7ca.	m o.
à fleur de Digitale.	digitalis.........	Bl.	65 ♃	6abc.7ca.	jt a.
de Jaffray.	Jaffrayanus......	B.	30 à 50 ♃	7abcdh.6j.	j a.
de Murray.	Murrayanus......	Bv. Bre.	30 à 50 ♃	7abcdh.6j.	j a.

Perilla. PERILLA. *Labiées.*

de Nankin.	Nankinensis......	Fle.	60 à 100 ⊙	2a.2bc.3bc.4c.	m o.

Persicaire. POLYGONUM. *Polygonées.*

du Levant, rouge.	Orientale........	R.	200 ⊙	3b.4b.	jt o.
— blanche.	— album........	Bl.	200 ⊙	3b.4b.	jt o.
— naine.	— pumilum.....	R.	100 ⊙	3b.4b.	jt o.

Pervenche. VINCA. *Apocynées.*

de Madagascar.	rosea............	Ro.	30 ⊙ ♃	1cd.2bd.1f.	jt o.
— blanche à cœur rose.	— alba..........	Bl. Ro.	30 ⊙ ♃	1cd.2bd.1f.	jt o.
— blanc pur.	— — pura.......	Bl.	30 ⊙ ♃	1cd.2bd.1f.	jt o.

Petasites niveus. *Voy.* TUSSILAGE blanc de neige.

Pétunie. PETUNIA. *Solanées.*

odorante.	nyctaginiflora....	Bl.	50 à 75 ⊙ ♃	2b.2a.2efd.3bc.4bc.	j o. a o.
violette.	violacea *vel* phœnicea et mirabilis..	P.	50 à 75 ⊙ ♃	2b.2a.2efd.3bc.4bc.	j o. a o.
hybride varié.	hybrida mixtæ var.	Vé.	50 à 75 ⊙ ♃	2b.2a.2efd.3bc.4bc.	j o. a o.
— gloire de Segrez (Comtesse d'Ellesmère) *ou* rose oculé blanc.	— var.........	Ro. Bl.	40 à 50 ⊙ ♃	2b.2a.2efd.3bc.4bc.	j o. a o.
— rouge bordé lilas clair.	— var.........	Rol. Bl.	40 à 50 ⊙ ♃	2b.2a.2efd.3bc.4bc.	j o. a o.
— rouge pourpre.	— var..........	Rp.	50 à 75 ⊙ ♃	2b.2a.2efd.3bc.4bc.	j o. a o.

Pétunie. PETUNIA (*Suite*).

hybride à centre pourpre veiné. hybrida var....... Rp. 50 à 75 ⊙♃ 2b.2a.2efd.3bc.4bc. j o. a o.

— à fleurs maculées, panachées, étoilées. — var..........Vé.Rp.Bl. 50 à 75 ⊙♃ 2b.2a.2efd.3bc.4bc. j o. a o.

— fécondé de variétés à fleurs doubles. — var.......... Vé. 50 à 75 ⊙♃ 2b.2a.2efd.3bc.4bc. j o. a o.

et plusieurs autres variétés.

Phacélie. PHACELIA. *Hydrophyllées.*

bipinnatifide. bipinnatifida (congesta)......... B. 30 à 60 ⊙ 4bc.3bc.5c. jt s. m jt.

à f[lles] de Tanaisie. tanacetifolia...... G. Bp. 40 à 70 ⊙ 4bc. 3bc. 5c. jt s. m jt.

Phalangère. PHALANGIUM. *Liliacées.*

rameuse. ramosum........ Bl. 50 ♃ 7db.7ca.12a. j jt.

Phalaris. PHALARIS. *Graminées.*

roseau. arundinacea...... Fle. Ap. 100 ♃ aq. 7ca. 3a 4a. 6fb. j o.

Pharbitis. *Voy.* IPOMÉE Volubilis.

Phaseolus. *Voy.* HARICOT.

Phlox. PHLOX. *Polémoniacées.*

vivace varié. decussata mixtæ var. Vé. 60 ♃ 7ca. 12. jt a s.

de Drummond varié. Drummondii mixtæ var........... Vé. 50 ⊙♃ 5d 4bc. 2abd. 2ef. m a. jt o.

par couleurs séparées.

Prince Léopold (Leopoldii).
à œil violet *ou* oculata.
écarlate *ou* coccine.
blanc.
pourpre foncé.
Radowitzii.
chamois rosé.
variabilis.
roseo alba oculata.
Isabelle.
et quelq. aut. variétés.

Phygélius. PHYGELIUS. *Scrofularinées.*

du Cap. Capensis......... R. J. 50 à 60 ♃ 6abcdej. 11. jt n.

Physalis. *Voy.* COQUERET.

Physostégie. PHYSOSTEGIA. *Labiées.*

de Virginie, Dracocéphale de la Louisiane *ou* de Virginie. Virginiana....... Rol. 100 ♃ 7ca. jt a.

Phyteume. PHYTEUMA. *Campanulacées.*

orbiculaire. orbiculare....... B. 15 à 30 ♃ 7db. ✝. j jt.

à épi. spicatum........ Bl. *ou* B. 30 à 50 ♃ 7db. j jt.

Phytolacca. PHYTOLACCA. *Phytolaccées.*

Raisin d'Amérique. decandra .... Pit. Fr. C. 200 ♃ 7ca. 12a. a n.
comestible. esculenta ... . Pit. Bl. Vd. 150 ♃ 7ca. 12a. a n.

Picridie. PICRIDIUM. *Composées.*

Scorsonère de Tanger. Tingitanum...... J. 25 à 35 ⊙ 5abc. 3bc. 4bc. m j. j jt.

Pied-d'alouette. DELPHINIUM. *Campanulacées.*

grand varié. Ajacis majus mixtæ varietates...... Pit. Vé. 100 ⊙ 5ae. 4ab. m j. j jt.

par couleurs séparées.

brun. — violet clair.
rose. — cendré *ou* mauve.
couleur de chair. — lie de vin.
blanc. — gris de lin.
violet.

nain varié. Ajacis minus, mixtæ varietates...... Vé. 50 ⊙ 5ae. 4ab. m j. j jt.

par couleurs séparées.

bicolore rose. — violet.
— violet *ou* gris de lin. — mauve.
blanc. — panaché rose.
— nacré. — — gris de lin.
rose. — couleur de chair.
gris de lin. — brun violet clair.
bleu pâle. — brun pâle.
mauve clair.

des blés à fleur double varié. ornatum mixtæ var. Vé. 80 à 120 ⊙ 5abc. 3ab. 4ab. j s. jt o.

par couleurs séparées.

blanc. — violet.
couleur de chair. — rouge.
lilas. — panaché tricolore.
gris de lin.

à pétales en cœur. cardiopetalum.... Bi. 30 à 40 ⊙ 5ae. 4ab. j jt. jt s.
vivace. elatum.......... B. 200 ♃ 7ca. 7db. j a.
— hybride varié. hybridum? ...... Vé. 120 ♃ 5abcf. 4ab. 6bf. 7f. 7ca. j a. a o.
à grande fleur *ou* de la Chine. grandiflorum *vel* Chinense...... B. 50 à 60 ♃ 7caf. j a. jt s.
— var. blanche. — album .... Bl. 50 à 60 ♃ 7caf. j a. jt s.
— var. naine. — Chinense pumilum.......... B. 30 à 40 ♃ 7caf. j a. jt s.
brillant. formosum .... Bf. 50 ♃ 5abcf. 4ab. 6bf. 7f. 7ca. j a. jt s.
taché de blanc. pictum.......... B. Mé. Bl. 120 ♃ 7caf. jt a.

Pigamon. THALICTRUM. *Renonculacées.*

à feuille d'Ancolie.	aquilegifolium....	Blr.	99 ♃	7ca.7db.12a.	j jl.
à feuilles étroites.	angustifolium	Jv.	75 à 100 ♃	7ca.7db.12a.	j jl.

Piment. CAPSICUM. *Solanées.*

long.	longum	Fr.	40 ⊙	2ab.	s n.
— jaune.	— luteum.......	Fr.	40 ⊙	2ab.	s n.
— de Cayenne.	— var..........	Fr.	30 ⊙	2ab.	s n.
du Chili.	Chilense.........	Fr.	30 ⊙	2ab.	s n.
violet.	violaceum........	Fr.	40 ⊙	2ab.	s n.
gros carré doux.	grossum.........	Fr.	40 ⊙	2ab.	s n.
monstrueux.	— var..........	Fr.	40 ⊙	2ab.	s n.
tomate.	lycopersicoides....	Fr.	40 ⊙	2ab.	s n.
— jaune.	— luteum.......	Fr.	40 ⊙	2ab.	s n.
cerise.	cerasiforme	Fr.	40 ⊙	2ab.	s n.

et autres variétés.

Pimpinelle. PIMPINELLA. *Ombellifères.*

grande à fleur rose.	magna rosea	Blr.	50 à 80 ♃	5abe.7ca.	a s.

Piptathère. PIPTATHERUM. *Graminées.*

multiflore (Millet vivace).	multiflorum......	Ap.Ep.	50 à 75 ♃	7ca.	j a.

Pisum. *Voy.* POIS.

Pivoine. PÆONIA. *Renonculacées.*

herbacée, plusieurs espèces et variétés.	herbacea, mixtæ var............		60 à 100 ♃	7cabd.12a.	av m j.

Plantain d'eau. *Voy.* ALISME.

Plante aux œufs. *Voy.* MORELLE à œuf.

Platycodon. *Voy.* CAMPANULE à grosse fleur.

Podalyre. PODALYRIA. *Papilionacées.*

de la Caroline.	Australis. Baptisia Australis.......	Bp.	90 ♃	7ca.7db.2ef.	j jl.
élevée.	exaltata.........	Bp.	100 à 150 ♃	7ca.7db.2ef.	j jl.
— à fleur blanche.	— flore albo.....	Bl.Bt.	100 à 150 ♃	7ca.7db.2ef.	j jl.

Podolepis. PODOLEPIS. *Composées.*

grêle.	gracilis..........	C.	60 ⊙	2be.2ef.3be.4e.5d.	j o.
auriculé.	auriculata	J.	30 ⊙	5d.2be.2ef.7f.	j a. jl o.
à grande fleur.	affinis............	J.	30 à 60 ⊙	5d.2be.2ef.7f.3be.4e.	j a. jl o.

Pæonia. *Voy.* PIVOINE.

Poirée. Beta. *Chenopodées.*
à carde rouge *ou*
du Brésil. vulgaris var. purpurea......... Fle. R. Vpé. Rpé. 50 à 75 ♂ 3bc. 4bcd. 6abf. 7gh. a o.
— jaune *ou* du Brésil. — var. aurea.... Fle. J. O. 50 à 75 ♂ 3bc. 4bcd. 6abf. 7gh. a o.

Pois. Pisum. *Papilionacées.*
Turc *ou* couronné
à fleur rouge. sativum coronatum. R. 100 ⊙ 4abc. 5ac. m a. j s.

Pois de senteur. *Voy.* Gesse odorante.

Pois vivace. }
à bouquets. } *Voy.* Gesse à large feuille.
à large feuille. }
de cœur. *Voy.* Cardiosperme.

Polémoine. Polemonium. *Polémoniacées.*
Valériane Grecque,
bleue. cæruleum........ B. 30 à 60 ♃ ⊙ 7ca. 7ef. m jt. s o.
— — blanche. — album........ Bl. 30 à 60 ♃ ⊙ 7ca. 7ef. m jt. s o.

Polygala. Polygala. *Polygalées.*
faux-Buis. Chamœbuxus..... J. 20 ♃ 7db. 12a. av m.
commun. vulgaris......... B. 15 à 20 ♃ 7db. 12a. m jt.

Polygonum. *Voy.* Persicaire.

Pomme de merveille. *Voy.* Momordique.
épineuse d'Égypte. *Voy.* Datura fastuosa.

Pondeuse. *Voy.* Morelle.

Portulaca. *Voy.* Pourpier.

Potentille. Potentilla. *Rosacées.*
à grande fleur. grandiflora....... J. 25 à 30 ♃ 6abd. 7ca. 7db. jt.
ascendante. caulescens (ascendens)......... Bl. 40 ♃ 6abd. 7ca. 7db. j jt.
du Népaul. Nepalensis....... R. Ro. 40 à 60 ♃ 6abd. 7ca. 7db. j jt.
couleur de sang. atrosanguinea.... Rs. 50 à 60 ♃ 6abd. 7ca. 7db. j jt.
dorée. aurea........... J. 20 à 25 ♃ 6abd. 7ca. 7db. j jt.
hybride variée. hybrida var...... Vé. 50 à 75 ♃ 6abd. 7ca. 7db. j jt
— à fleur qui double
variée. flore pleno var.... Vé. 50 à 75 ♃ 6abd. 7ca. 7db. j jt.

Poule pondeuse. *Voy.* Morelle.

Pourpier. Portulaca. *Portulacées.*
à grande fleur. grandiflora....... Cm. 15 ⊙♃ 1b. 2ab. 3bc. 4bc. 2ef. 9. j a. jt s.

Pourpier. Portulaca (*Suite*).

à grande fl. jaune (de Thorburn).	— grandiflora aurea (Thorburni).	Jp. Pet. R.	15 ⊙♃	1b. 2ab. 3bc. 4bc. 2ef. 9.	j a. jt s.
— de Thellusson.	— Thellussoni . . .	E.	15 ⊙♃	1b. 2ab. 3bc. 4bc. 2ef. 9.	j a. jt s.
— blanc strié.	— alba striata. . .	Bl. Cn.	15 ⊙♃	1b. 2ab. 3bc. 4bc. 2ef. 9.	j a. jt s.
— panaché caryophylloïde.	— caryophylloides.	Pé. Sé.	15 ⊙♃	1b. 2ab. 3bc. 4bc. 2ef. 9.	j a. jt s.
— orange.	— aurantiaca	O.	15 ⊙♃	1b. 2ab. 3bc. 4bc. 2ef. 9.	j a. jt s.
— panaché jaune et blanc.	— var.	J. Bl.	15 ⊙♃	1b. 2ab. 3bc. 4bc. 2ef. 9.	j a. jt s.
— varié.	— mixtæ varietat.	Vé.	15 ⊙♃	1b. 2ab. 3bc. 4bc. 2ef. 9.	j a. jt s.
— à fleur qui double varié.	— flore pleno. . . .	Vé.	15 ⊙♃	1b. 2ab. 3bc. 4bc. 2ef. 9.	j a. jt s.

Primevère. Primula. *Primulacées.*

des jardins variée.	veris et elatior. . . .	Vé.	10 à 20 ♃	7abcd. 6fh. 5bc. 12a. 3a. 4a.	av m.
officinale (Coucou).	officinalis.	J.	15 à 20 ♃	7abcd. 6fh. 5bc. 12a. 3a. 4a.	ms m.
à grande fleur *ou* à large feuille.	grandiflora *vel* acaulis.	Vé.	10 ♃	7abcd. 6fh. 5bc. 12a. 3a. 4a.	ms m.
farineuse.	farinosa	Ro.	10 ♃	7db. 6fh. 12a.	j jt.
à feuille de Cortuse.	cortusoides.	Cn.	30 ♃	7db.	av j.
de la Chine.	Sinensis.	Ro.	30 ♃	6abd. 6ce. 6j.	f av.
— à fleur blanche.	— flore albo	Bl.	30 ♃	6abd. 6ce. 6j.	f av.
— rose à cœur brun.	— var.	Ro. Br.	30 ♃	6abd. 6ce. 6j.	f av.
— blanche à cœur brun.	— var.	Bl. Br.	30 ♃	6abd. 6ce. 6j.	f av.
— à port érigé *ou* dressé.	— erecta superba.	Cv. R.	25 ♃	6abd. 6ce. 6j.	f av.
— panachée *ou* striée rouge.	— striata.	Bl. sé. Ro.	30 ♃	6abd. 6ce. 6j.	f av.
— cuivrée.	— cupreata.	Cv.	30 ♃	6abd. 6ce. 6j.	f av.
— frangée rose.	— fimbriata rosea.	Ro.	30 ♃	6abd. 6ce. 6j.	f av.
— — blanche.	— — flore albo. .	Bl.	30 ♃	6abd. 6ce. 6j.	f av.

Primevère. PRIMULA (*Suite*).

Nom français	Nom latin	Couleur	Hauteur	Codes	Floraison
de la Chine frangée panachée *ou* striée rouge.	sinensis fimbriata striata........	Bl. Sé.	30 ♃	6abd. 6ce. 6j.	f av.
— — cuivrée.	— — cupreata...	Rc.	30 ♃	6abd. 6ce. 6j.	f av.
— à fleur de Clarkia.	— clarkiæflora rosea	Ro.	30 ♃	6abd. 6ce. 6j.	f av.
— — — à fl. blanche.	— — alba	Bl.	30 ♃	6abd. 6ce. 6j.	f av.
— rose double.	— flore pleno....	Ro.	30 ♃	6abd. 6ce. 6j.	f av.
— frangée rose à cœur brun.	— fimbriata var..	Ro. Br.	30 ♃	6abd. 6ce. 6j.	f av.
— — rouge saumoné.	— — var.......	Rc. Rop. Rvl.	30 ♃	6abd. 6ce. 6j.	f av.
— — blanche à cœur brun *ou* jaune.	— — var.......	Bl. Jbr.	30 ♃	6abd. 6ce. 6j.	f av.
— à tige brune.	— atrobrunneo-caulis.	Rop.	30 ♃	6abd. 6ce. 6j.	f av.
— à port de Fougère	— filicifolia magnifica	Rop.	30 ♃	6abd. 6ce. 6j.	f av.
— à grande feuille à fl. rose.	— macrophylla rosea.	Ro.	30 ♃	6abd. 6ce. 6j.	f av.
— — — blanche.	— — alba	Bl.	30 ♃	6abd. 6ce. 6j.	f av.
Auricule (Oreille d'ours).	auricula	Vé.	6 à 15 ♃	6fghijk. 3a. 7abcd. 7h. 5bc. 12a.	av m.
— var. Liégeoise *ou* ombrée.	— var...........	Vé.	6 à 15 ♃	6fghijk. 3a. 7abcd. 7h. 5bc. 12a.	av m.
— var. anglaise *ou* poudrée.	— var...........	Vé.	6 à 15 ♃	6fghijk. 3a. 7abcd. 7h. 5bc. 12a.	av m.

Primula Auricula. *Voy.* PRIMEVÈRE Auricule.
veris. *Voy.* PRIMEVÈRE des Jardins.

Prismatocarpus. *Voy.* CAMPANULE miroir de Vénus.

Prunella. *Voy.* BRUNELLE.

Pulmonaire. PULMONARIA. *Borraginées.*

Nom français	Nom latin	Couleur	Hauteur	Codes	Floraison
officinale.	officinalis	B. Ro.	20 ♃	7ca. 12a.	m j.

Pyrèthre. PYRETHRUM. *Composées.*

Nom français	Nom latin	Couleur	Hauteur	Codes	Floraison
rose *ou* carné.	carneum..........	C.	30 à 60 ♃ ⊙	7ca. 5b. 4bcd. 7f.	m j. jt s.
— à fl. qui double.	roseum flore pleno.	Ro. Vé.	60 ♃ ⊙	7ca. 5b. 4bcd. 7f.	m j. jt s.

et plusieurs variétés.

Quamoclit. *Voy.* IPOMÉE.

Raisin d'Amérique. *Voy.* PHYTOLACCA.

Ramondie. RAMONDIA. *Cyrtandracées.*
des Pyrénées. Pyrenaica........ Vb. Vpé. 8 à 15 ♃ 6fghij. 3a. 7abcd. 5bc. 7h. ✝. av j.

Ray-grass. *Voy.* plus loin l'article GAZON.

Ranunculus. *Voy.* RENONCULE.

Ravenelle. *Voy.* GIROFLÉE jaune.

Reine-Marguerite. ASTER Sinensis. *Composées.*
pyramidale variée, *en beau mélange.* Vé. 50 à 60 ⊙ 3bc. 2b. 2f. 8. jt s.
— Pivoine variée, *les différentes races et variétés en mélange* .... Vé. 50 à 60 ⊙ 3bc. 2b. 2f. 8. jt s.
— Pivoine, *par couleurs séparées.*
blanc de neige. rouge liséré blanc.
violet liséré blanc.

— perfection, *par couleurs séparées.*
rose (*ou* rose satiné *ou* rose foncé).
violet rougeâtre.
rouge foncé demi-naine.
panachée de violet *ou* perfection demi-naine violet évêque.
lilas foncé.
panachée de violet hâtive (panachée blanc sur fond rose vif *ou* carmin).
demi-naine blanche.
— panachée de violet

— à fleur de Chrysanthème, *par couleurs séparées.*
violet liséré blanc. rose.

— à fleur imbriquée, *par couleurs séparées.*
rouge cerise.
rose.
— Hortensia.
blanche.
couleur de chair.
gris de lin demi-naine.
— — clair.
mauve.
indigo.
Magenta (lilas rougeâtre).
Empereur géante (Riesen-Kaiser) lilas ardoisé.

— à fleur imbriquée pompon, *par couleurs séparées.*
lilas demi-naine.
violet.
— rougeâtre.
rouge.
laque garance *ou* rouge liséré blanc.
rose.
blanc.

pyramidale demi-naine à bouquets, *par couleurs séparées.*
blanche. violette.
rouge. panachée de violet.

à fleur de Chrysanthème naine variée. Vé. 20 à 25 ⊙ 3bc. 2b. 2f. 8. jt s.
par couleurs séparées.
rouge.
rose.
blanche.
violette.
lilas.
gris argenté *ou* gris de lin clair.
rouge liséré blanc.

Reine-Marguerite. ASTER Sinensis (*Suite*).

naine à bouquets, *par couleurs séparées.*

lilas. — panaché violet.
panachée carmin.

Anémone variée .... Vé. 30 à 40 ⊙ 3bc. 2b. 2f. 8. jt s.

par couleurs séparées.

blanche. — couleur de chair.
rouge. — à pétales, blanche
violette. — — rose.
violet rougeâtre.

très-naine variée .... Vé. 15 à 20 ⊙ 3bc 2b. 2f. 8. jt s.

par couleurs séparées.

lilas. — rose.
violette. — rouge.

couronnée, *par couleurs séparées.*

rouge. — violette.
pompon rouge. — pompon violet.

à aiguilles *ou* à dards, *par couleurs séparées.*

rose. — violette.
rouge pompon.

à fleur de Renoncule variée .... Vé. 60 à 80 ⊙ 3bc. 2b. 2f. 8. jt s.

par couleurs séparées.

carmin. — violette.

chinoise variée .... Vé. 75 à 100 ⊙ 3bc. 2b. 2f. 8. jt s.

par couleurs séparées.

rouge. — rose.
blanch — gris de lin.

NOTA. — Cette collection de Reine-Marguerite est très-variable et subit chaque année des modifications.

Renoncule. RANUNCULUS. *Renonculacées.*

des fleuristes (des jardins *ou* de Perse).	Asiaticus	Vé.	20 à 25 ♃	7cag. 7db 6gi.	jt.
à feuille d'Aconit.	aconitifolius	Bl.	20 à 40 ♃	7db. 7ca. 12a.	m j.
glaciale.	glacialis	Bl.	10 à 15 ♃	7db. 12a. †.	jt a.
à f^{lle} de Parnassie	parnassifolius ...	Bl.	10 à 15 ♃	7db. 7ca. 12a. †.	m j.
— de Graminée.	gramineus	J.	15 à 30 ♃	7db. 12a. †.	m j.
aquatique.	aquatilis	Bl.	10 à 15 ♃ aq.	7db. 4abcd. 5ag. 12a.	av a.
grande Douve.	lingua	J.	50 à 120 ♃ aq.	7db. 12a.	m jt.

Réséda. RESEDA. *Résédacées.*

odorant.	odorata	Ap.	30 ⊙ ♃	4bcd. 6gij. 2ef. 1ce.	j o.
— à grande fleur.	— grandiflora	Ap.	30 ⊙ ♃	4bcd. 6gij. 2ef. 1ce.	j o.

Rhapontic. CENTAUREA. *Composées.*

scarieux.	Rhapontica. Rhaponticum scariosum.	Fo	75 à 100 ♃	7db.	jt a.

Rheum. *Voy.* RHUBARBE.

Rhodanthe. RHODANTHE. *Composées.*

de Mangles.	Manglesii	Ro.	30 ⊙	1c. 1b. 2abd. 4bc.	m jt. j jt.
maculé.	maculata	Rop.Cm.J.	30 à 50 ⊙	1c. 1b. 2abd. 4bc.	m jt. j jt.
— blanc pur.	— alba (Rh. immaculata)......	Bl. J.	30 à 50 ⊙	1c. 1b. 2abd. 4bc.	m jt. j jt.
rouge pourpre.	atrosanguinea	Rop. Rx.	30 à 40	1c. 1b. 2abd. 4bc.	m jt. j jt.

Rhodiola. *Voy.* SEDUM.

Rhubarbe. RHEUM. *Polygonées.*

du Népaul.	Nepalense *vel* Australe	Pit. Fle.	150 ♃	7ca.	m o.
ondulée.	undulatum.......	Pit. Fle.	120 ♃	7ca.	m o.

plusieurs autres espèces et variétés.

Ricin (Palma-Christi). RICINUS. *Euphorbiacées.*

grand.	communis major..	Pit. Fle.	200 ⊙ ♃	3bc. 4bc.	jt o.
petit.	— minor.........	Pit. Fle.	150 ⊙ ♃	3bc. 4bc.	jt o.
sanguin.	sanguineus.......	Pit. Fle.	200 ⊙ ♃	3bc. 4bc.	jt o.

Rose d'Inde. *Voy.* TAGÉTÈS Rose d'Inde.

Rose-Trémière. ALTHÆA. *Malvacées.*

Passe-Rose double variée.	rosea flore pleno mixtæ var.....	Vé.	250 ♃	6dabf.	jt s.

par couleurs séparées.

blanche.	rouge brillant.
blanc pur.	pourpre.
— jaunâtre.	— bordé blanc.
couleur de chair.	violette.
rose.	violet clair.
— tendre.	— foncé.
— vif.	lie de vin.
— cerise.	brun marron.
— violacé.	chamois.
rouge.	— abricoté.
— clair.	saumon.
— cerise.	jaune.
— brun.	

et beaucoup d'autres variétés.

Passe-Rose, variétés anglaises en beau mélange.	rosea fl. plenissimo mixtæ var.....	Vé.	150 à 200	6dabf.	jt s.

plusieurs couleurs séparées.

— de la Chine.	Sinensis	Bl. P.	125 ⊙ ♃	5b. 1b. 2abc. 6bf. 7f.	j a. jt s.
— — rouge.	— fl. rubro......	P.	125 ⊙ ♃	5b. 1b. 2abc. 6bf. 7f.	j a. jt s.

Rudbeckie. RUDBECKIA. *Composées.*

de Drummond.	Drummondii. Obeliscaria pulcherrima..........	P.J.	40 à 60 ⊙	5df. 2ab. 6j. 7f.	j a. jt s.
éclatant.	fulgida..........	Jv.N.	50 ♃	2a. 7a. 7f.	jt a.
amplexicaule.	amplexicaulis.....	J.P.N.	75 à 100 ⊙	5bc. 2ab. 4bc.	j s. jt o.
pourpre.	purpureum......	Rov.Rop.	75 à 100 ♃	7ca. 7b.	a o.

Rue de chèvre. *Voy.* GALEGA.

Sabline. ARENARIA. *Alsinées.*

de Mahon.	Balearica........	Bl.	10 ♃	7db. 7ca. 6cej. 5cd. †	m jt.
à feuille de Mélèze.	laricifolia........	Bl.	10 ♃	7db. †.	m jt.

Safran bâtard. *Voy.* CARTHAME des teinturiers.

Sagine. SAGINA. *Alsinées.*

subulée (Spargoute pilifère).	subulata (Spergula pilifera).......	Bl.	5 ♃	3abc. 4abcd. 6ceg. 7db. 7ca.	m jt.

Sagittaire. SAGITTARIA. *Alismacées.*

Flèche d'eau.	sagittifolia.......	Bl.	50 à 80 ♃ aq.	7db. 12a.	j a.

Sainfoin. HEDYSARUM. *Papilionacées.*

d'Espagne.	coronarium......	E.	100 ◡ ♃	7ca. 7b.	j jt.
— à fleur blanche.	— fl. albo......	Bl.	100 ◡ ♃	7ca. 7b.	j jt.

Salicaire. LYTHRUM. *Lythrariées.*

commune.	salicaria.........	Ro.	80 à 150 ♃	7db. 7ca.	jt s.

Salpiglossis. SALPIGLOSSIS. *Scrofularinées.*

hybride varié.	hybrida *vel* straminea.........	Sé.Vé.	70 à 100 ⊙	4bc. 2ef.	jt a.
— nain varié.	— nana.........	Sé.Vé.	40 ⊙	4bc. 2ef.	jt a.

par couleurs séparées.

écarlate.	Mademoiselle Eugénie.
Berthelot (violet strié jaune).	bleu violacé strié jaune et blanc).
jaune.	Le Noble (violet bleuâtre).
rouge brun strié jaune.	cramoisi foncé.

Salvia. *Voy.* SAUGE.

Santoline. SANTOLINA. *Composées.*

petit Cyprès.	chamæcyparissus...	J.	60 à 80 ♃	7ca. 7db. 6j.	

Sanvitalia. SANVITALIA. *Composées.*

rampant.	procumbens.......	Jbr.	20 à 30 ⊙	2bc. 3bc. 2ef.	j s.
— à fleur pleine.	— flore pleno....	J.	20 à 25 ⊙	2bc. 3bc. 2ef.	j s.

Saponaire. SAPONARIA. *Silénées.*

faux-Basilic.	ocimoides........	Ro.	10 à 15 ♃	7db.7ca.	av m. j jt.
officinale.	officinalis........	Ro.	50 à 100 ♃	7ca.	jt s.
— à fleur double.	— flore pleno....	Ro.Cm.	50 à 100 ♃	7ca.	jt s.
de Calabre.	Calabrica........	Ro.	15 à 20 ⊙	5ab.5cd.3abc.4abc. 9.	m jt. j a.
— à fleur blanche.	— alba.........	Bl.	15 à 20 ⊙	5ab.5cd.3abc.4abc. 9.	m jt. j a.

Sarriette. SATUREIA. *Labiées.*

vivace.	montana.........	Bl.	30 à 50 ⊙	7ca.	jt s.

Sauge. SALVIA. *Labiées.*

Hormin violette.	Horminum violaceum (*bractées*).	V.	50 ⊙	3bc.4bc.5fg.5abce.	j jt.
— rouge.	— purpureum (*bractées*).....	P.	50 ⊙	3bc.4bc.5fg.5abce.	j jt.
argentée.	argentea (patula).	Fle. Bl.	50 à 70 ♂	6abd. 5d. 1df.	jt a.
Sclarée.	Sclarea..........	Fle.	60 ♂	6abd.	jt a.
écarlate.	coccinea (pseudo-coccinea)......	E.	100 ⊙♃	2a.2ef.	j o.
— naine.	— pumila.......	E.	60 ⊙♃	2a.2ef.	j o.
— éclatante *ou* ponceau.	punicea........	E.	100 ⊙♃	2a.2ef.	j o.
— — naine.	— nana........	E.	60 ⊙♃	2a.2ef.	j o.
de Rœmer.	Rœmeriana......	E.	30 ⊙♃	2a.2ef.11.	a o.
à large fleur bleue.	patens..........	B.	150 ♃	7cabdg.1bcdef.11.	j a.
des prés.	pratensis.........	B.	40 à 50 ♃	7ca.7db.	m jt s.

Saxifrage. SAXIFRAGA. *Saxifragées.*

granulé.	granulata........	Bl.	40 ♃	7db.✢.	av j.
tridactyle.	tridactylites......	Bl.	5 à 10 ⊙	5ag.4bcd.	ms m.
Aizoon.	Aizoon..........	Bl.	15 à 20 ♃	7db.✢.	m j.
faux-Aizoon.	aizoïdes.........	J.	20 ♃	7db.✢.	jt a.
hypnoïde. Gazon Turc.	hypnoïdes........	Bl.	10 à 15 ♃	7db.✢.	m j.
ombreuse.	umbrosa........	Bl.Pct.R.	10 à 20 ♃	7db.✢.	m j.

et plusieurs autres espèces des Alpes et des Pyrénées.

Scabieuse. SCABIOSA *Dipsacées.*

des jardins.	atropurpurea.....	Vé.	100 ⊙♂	5ab.5fg.3bc.4bc.8.	j a. jt o.
— rose cuivré.	— var..........	Ro.	100 ⊙♂	5ab.5fg.3bc.4bc.8.	j a. jt o.
— pourpre bordé blanc.	— var..........	P.Bl.	100 ⊙♂	5ab.5fg.3bc.4bc.8.	j a. jt o.
— naine pourpre.	— nana purpurea.	P.	60 ⊙♂	5ab.5fg.3bc.4bc.8.	j a. jt o.
— — carmin.	— — carminea..	Cm.	60 ⊙♂	5ab.5fg.3bc.4bc.8.	j a. jt o.
— — rose.	— — rosea......	Ro.	60 ⊙♂	5ab.5fg.3bc.4bc.8.	j a. jt o.

Scabieuse. SCABIOSA (*Suite*).

des jardins naine blanche.	atropurpurea nana alba	Bl.	60 ⊙	5ab.5fg.3bc.4bc.8.	j a. jt o.
— naine double variée.	— — flore pleno mixtæ var.....	Vé.	60 ⊙♃	5ab.5fg.3bc.4bc.8.	j a. jt o.
du Caucase.	Caucasica........	L.	60 à 100 ♃	7ca.	j jt. a s.
des Alpes.	Alpina. Cephalaria Alpina.........	Jp.	150 à 250 ♃	7db.7ca.	j jt.
de Tartarie.	Tatarica.........	Blj.	200 ♃	7db.7ca.	j jt. a s.
Graminée.	graminifolia......	Bp.	30 à 50 ♃	7db.7ca.	j jt.

Sceau de Salomon. *Voy.* MUGUET.

Schizanthe. SCHIZANTHUS. *Scrofularinées.*

à feuille ailée.	pinnatus.........	L.Pet.Br.	30 à 60 ⊙	5d.5ce.4bc.	m a. j s.
— à grande fleur oculée.	— grandiflorus oculatus..........	Br.P.Pel.Bl.	30 à 60 ⊙	5d.5ce.4bc.	m a. j s.
— à fleur blanche.	— albus	Blj.	60 ⊙	5d.5ce.4bc.	m a. j s.
émoussé.	retusus..........	Ro.J.	80 ⊙	5d.4b.2ef.	j jt. jt a.
— blanc.	— albus.........	Bl.J.	80 ⊙	5d.4b.2ef.	j jt. jt a.
— nain.	— nanus.........	Ro.J.	30 ⊙	5d.4b.2ef.	j jt. jt a.
de Graham, rose vif.	Grahami	Ro.J.	80 ⊙	5d.4b.2ef.	j jt. jt a
— lilas.	— lilacea	L.J.	80 ⊙	5d.4b.2ef.	j jt. jt a.
— — nain.	— — nana......	L.J.	40 ⊙	5d.4b.2ef.	j jt. jt a.

Schizopetalum. SCHIZOPETALUM. *Crucifères.*

de Walker.	Walkeri.........	Bl.	40 à 60 ⊙	5de.4b.2ef.	av jt. j a.

Schoenus. *Voy.* CHOIN.

Schortia. SCHORTIA. *Composées.*

de Californie.	Californica.......	J.	15 à 25 ⊙	5cd.4bcd.9.	m j. j jt.

Scille. SCILLA. *Liliacées.*

penchée.	nutans. Hyacinthus non scriptus ...	B.	30 ♃	7db.12a.	av m.

Scorpione des marais. *Voy.* MYOSOTIS.

Scorpiurus. *Voy.* CHENILLE.

Scutellaire. SCUTELLARIA. *Labiées.*

des Alpes.	Alpina	B.Pu.	20 à 30 ♃	7ca.7db.	j jt a.
à grande fleur.	macrantha.......	Bv.	20 à 30 ♃	7ca.7db.	j jt a.

Scyphante. SCYPHANTHUS. *Loasées.*

élégant.	elegans. Grammatocarpus volubilis.	Gr.Jp.	150 à 200 ⊙♃	5d.2abd.2ef.	j o. a o.

Sedum (Orpin). SEDUM. *Crassulacées.*

azuré.	azureum (cœruleum).........	Bp.	5 à 15 ⊙	5d. 2ab. 3bc. 2ef.	m jt. j s.
rougeâtre.	rubens..........	Bl.	10 ⊙	2b. 3bc.	jt s.
à feuilles rondes.	anacampseros	Rop.	15 à 20 ♃	7db. 7ca.	jt a.
bâtard.	spurium.........	Ropa.	10 à 20 ♃	7db. 7ca.	jt a.
— à fleur rouge.	— rubrum *vel* coccineum........	Rop.	10 à 20 ♃	7db. 7ca.	jt a.
blanc.	album...........	Bl.	15 à 20 ♃	7db. 7ca.	j jt.
brûlant. Orpin brûlant.	acre............	J.	5 à 10 ♃	7db. 7ca.	j jt.
élevé.	maximum	Jv.	40 à 50 ♃	7db. 7ca.	jt a.
Fabarium.	Fabarium........	Ropa.	30 à 40 ♃	7db. 7ca.	jt a.
odorant.	Rhodiola. Rhodiola rosea.........	Ro.	40 ♃	7db. 7ca.	j jt.

Sempervivum. *Voy.* JOUBARBE.

Seneçon. SENECIO. *Composées.*

des Indes *ou* d'Afrique double varié.	elegans mixtæ var.	Vé.	50 à 60 ⊙ ♃	5de. 2bcd. 2ef. 3bc. 4bc. 8. 11.	j s. jt o.

par couleurs séparées.

lilas ou violet clair. — couleur de cendres.
blanc ou carné. — violet foncé.

— nain double *par couleurs séparées*..		20 à 25 ⊙ ♃	5de. 2bcd. 2ef. 3bc. 4bc. 8. 11.	j s. jt o.

lilas (cærulea nana flore pleno). — violet clair (atroroseo pleno).
rose (compacta flore roseo pleno). — blanc.
violet foncé (purpureo pleno). — cendré foncé (atrocinereo pleno).

Sensitive. MIMOSA. *Mimosées.*

pudique.	pudica	Fle.	30 à 50 ⊙ ♃	2bd. 2ef.	a s.

Sicyos. SICYOS. *Cucurbitacées.*

à feuille anguleuse.	angulata.........	Ge. Fr.	3 à 400 ⊙	2be. 4bc.	jt s.

Sida. SIDA. *Malvacées.*

de Thunberg (Ketmie de Thunberg).	vesicaria........	J.	50 à 75 ⊙ ♃	2b.	jt o.

Silène. SILENE. *Silénées.*

rose.	bipartita........	Ro.	30 ⊙	4bc. 5ab.	j jt. jt a.

Silène. Silene (*Suite*).

à bouquet. Muscipula					
des jardiniers.	Armeria.........	Cm.	40 ⊙	5ab. 4bc. 5c.	j jt. jt a.
— blanc.	— flore albo.....	Bl.	40 ⊙	5ab. 4bc. 5c.	j jt. jt a.
— carné.	— carneo.......	C.	40 ⊙	5ab. 4bc. 5c.	j jt. jt a.
pendant rose.	pendula.........	Ro.	20 à 30 ⊙	5ab. 5cd. 5fg. 6bfh. 4bc.	m j. jt a.
— blanc.	— alba.........	Bl.	30 ⊙	5ab. 5cd. 5fg. 6bfh. 4bc.	m j. jt a.
— rouge foncé à tiges brunes.	— ruberrima....	Cm. Rovi.	30 ⊙	5ab. 5cd. 5fg. 6bfh. 4bc.	m j. jt a.
royal.	regia...........	Ro.	60 ⊙	5ab. 4bc.	j jt. jt a.
de Schafta.	Schafta..........	Ro.	10 ♃	7ca.	jt o.
d'Orient.	compacta........	Ro.	50 à 70 ♃	6ab. 6c.	jt a.
à courte tige.	acaulis..........	Ro.	5 ♃	7db. 6j. 5d.	j jt.
Saxifrage.	saxifraga........	Bl. Vd.	10 à 15 ♃	7ca. 7db.	av j. j a.

Silybum. *Voy.* Chardon Marie.

Sium. Sium. *Ombellifères.*

à larges feuilles.	latifolium........	Bl. Vd. Fle. Pit.	150 à 200 ♃ aq.	7ca.	j a.

Solanum divers. *Voy.* Morelle.

Soldanelle. Soldanella. *Primulacées.*

des Alpes.	Alpina..........	V.	10 ♃	7db. 6j. 12a. ✢.	j jt.

Soleil. Helianthus. *Composées.*

tournesol double jaune.	annuus *vel* Indicus flore pleno......	J.	180 ⊙	3bc. 4bc. 8.	jt s.
double nain.	— nanus fl. pleno	J.	60 ⊙	3bc. 4bc. 8.	j s.
— de Californie.	— var. plenissim..	J.	150 ⊙	3bc. 4bc. 8.	jt s.
— jaune soufre.	— sulphureus fl. pl.	J.	200 ⊙	3bc. 4bc. 8.	jt s.
géant à large feuille.	macrophyllus giganteus........	J. Br.	250 ⊙	3bc. 4bc. 8.	jt s.
à une fleur.	— uniflorus.....	J. Br.	200 à 250 ⊙	3bc. 4bc. 8.	jt s.
du Texas *ou* à feuilles argentées.	argophyllus......	Pit. J.	150 ⊙	4bc. 3bc. 7f.	a o.
— à fleur double.	— flore pleno....	Pit. J.	150 ⊙	4bc. 3bc. 7f.	a o.

Souci. Calendula. *Composées.*

double des jardins.	officinalis........	O.	60 ⊙	5be. 3abc. 4abc.	j s. jt o.
à la reine *ou* de Trianon.	— var..........	J. O.	60 ⊙	5be. 3abc. 4abc.	j s. jt o.

Souci. CALENDULA (*Suite*).

pluvial.	pluvialis. Dimorphoteca pluv...	Bl.V.	30 à 50 ⊙	4bc.5de.	j jt a.
— à fleur double de Ponge.	— Pongii fl. pleno	Bl.V.	30 ⊙	4bc.5de.	j jt a.

Souvenez-vous-de-moi. *Voy.* MYOSOTIS.

Spargoute pilifère et **Spergule** pilifère. *Voy.* SAGINE subulée.

Sphénogyne. SPHENOGYNE. *Composées.*

éclatante.	speciosa.........	Jp.Br.	30 ⊙	5d.3bc.4bc.2ef.2bc.	m j a.jts.

Stachyde (Epiaire). STACHYS. *Labiées.*

laineuse.	lanata...........	Fle.Bl.Pu.	30 à 50 ♃	7ca.7db.2ef.	j s.

Statice. STATICE. *Plumbaginées.*

faux-Armeria.	pseudo-Armeria...	Ro.	50 ⊙ ♃	6abcj.11.	m s.
de Tartarie.	Tatarica.........	Ropa.	25 à 50 ⊙ ♃	7db.7ca.2ef.	j.
à large feuille.	latifolia.........	B.	50 ♃	7db.7ca.2ef.	j jt.
Limonium.	Limonium.......	B.	50 à 75 ♃	7db.7ca.2ef.	jt a.
de Gmelin.	Gmelini.........	B.	50 à 75 ♃	7db.7ca.2ef.	jt a.
Armeria. Gazon d'Olympe.	Armeria. (Armeria maritima)......	Ro.	15 ♃	7ca.7db.	m jt.
— à fleur blanche.	— flore albo.....	Ble.	15 ♃	7ca.7db.	m jt.
de Bonduelle.	Bonduelli........	J.	40 à 50 ⊙ ♃	6cgj.7f.	m jt. a o.
remarquable.	eximia...........	B.	40 à 60 ♃	7ca.7db.2ef.	j jt.

et plusieurs autres espèces et variétés.

Stenactis speciosa et bellidifolia. *Voy.* ERIGERON.

Stévie. STEVIA. *Composées.*

à feuille en scie.	serrata...........	Bl.	50 à 80 ⊙ ♃	1b.2ab.7fh.11.	jt o.
pourpre.	purpurea.........	Ro.	40 à 60 ⊙ ♃	1b.2ab.7fh.11.	j o. jt o.

Stipe. STIPA. *Graminées.*

plumeuse.	pennata..........	Ap.	50 ♃	7ca.7db.	m j.

Sutherlandia. *Voy.* BAGUENAUDIER.

Tabac. NICOTIANA. *Solanées.*

de Virginie *ou* d'Alsace.	Tabacum.........	Ro.	200 ⊙	2bc.3bc.	jt o.
du Maryland.	Marylandica *vel* gigantea........	Ro.	200 ⊙	2bc.3bc.	jt o.
— var. géante à grande fl. pourpre.	— var. macrophylla, grandiflora purpurea......	Rp.	150 ⊙	2bc.3bc.	jt o.

Tabac. NICOTIANA (*Suite*).

de la Havane.	Havanensis....... Ro.	200 ⊙	2bc. 3bc.	jt o.
de Guatemala.	Guatemalensis.... Bl.	150 ⊙	2bc. 3bc	jt o.
glauque.	glauca........... Jv.	300 ⊙ ♃	2b. 3b. 7f. 11.	s o.
à longue fleur.	longiflora........ Bl.	120 ⊙	2b. 3b.	jt o.

et plusieurs autres espèces et variétés.

Tagète. TAGETES. *Composées.*

Œillet d'Inde double ou grand.	patula flore pleno. J. Br.	60 ⊙	3bc. 2ab. 8.	jt o.
— double orange.	— aurantiaca..... J. Br.	60 ⊙	3bc. 2ab. 8.	jt o.
— — nain.	— nana.......... J. Br.	40 ⊙	3bc. 2ab. 8.	jt o.
— — très-nain.	— pumila....... J. Br.	20 ⊙	3bc. 2ab. 8.	jt o.
— — — jaune.	— — var. aurantiaca.... Jo.	20 ⊙	3bc. 2ab. 8.	jt o.
— rayé grand simple.	— variegata...... J. Pé. Br.	70 ⊙	3bc. 2ab. 8.	jt o.
— — nain simple.	— — nana...... J. Pé. Br.	30 à 40 ⊙	3bc. 2ab. 8.	jt o.
Rose d'Inde double grande.	erecta flore pleno. J.	80 ⊙	3bc. 2ab. 8.	jt o.
— double à tuyau.	— fistulosa...... Jp.	80 ⊙	3bc. 2ab. 8.	jt o.
— — jaune citron.	— citrina........ Jp.	80 ⊙	3bc. 2ab. 8.	jt o.
— — naine hâtive.	— nana......... J.	40 ⊙	3bc. 2ab. 8.	jt o.
luisant.	lucida............ J.	30 ⊙ ♃	5fd. 2ab. 3bc. 7f. 11.	j s. jt o.
à taches.	signata.......... J. Pet. O.	50 ⊙	2ab. 3bc. 8.	j o. jt o.
— nain.	— pumila....... J. Pet. O.	20 à 30 ⊙	2ab. 3bc. 8.	j o. jt o.

Talinum. TALINUM. *Portulacées.*

étalé.	patens (Calandrinia Andriewski).... Rop.	50 ⊙ ♃	4bc. 2b. 7f.	jt s.

Tanaisie. TANACETUM. *Composées.*

vulgaire.	vulgare.......... J.	80 à 100 ♃	7ca.	j! a.
globifère.	globiferum........ J.	25 à 30 ⊙	3bc. 4bc. 5cd.	j a. av j.

Tamme. TAMUS. *Dioscorées.*

commun.	communis....... Fle.	250 ♃	7ca.	m jt.

Telekia *Voy.* BUPHTHALME.

Tetragonolobus. *Voy.* LOTIER cultivé.

Thalia. THALIA. *Cannées.*

blanchâtre.	dealbata......... B. Pu.	100 à 200 ♃ aq.	7dbi. 7gh.	jt o.

Thalictrum. *Voy.* PIGAMON.

Thé du Mexique. *Voy.* ANSÉRINE ambroisie.

Thermopsis. THERMOPSIS. *Papilionacées.*

fève.	fabacea.......... Jv.	50 à 60 ♃	7db. 2ef. 6c.	j jt s.

Thladiantha. THLADIANTHA. *Cucurbitacées*.
douteux. dubia .... J.Fr.Grp. 500 à 600 ♃ 7ca.7db.7b.2ef. jt s.

Thlaspi. IBERIS. *Crucifères*.
blanc. amara.......... Bl. 30 ☉ 5abc.3abc.4abc. j jt. jt a.
— julienne. — var.......... Bl. 30 ☉ 5abc.5c.3abc.4abc. j jt. jt a.
lilas. umbellata fl. lilaceo. L. 40 ☉ 5abce.3bc.4bc. j jt. jt a.
— à fleur carnée. — carnea........ C. 40 ☉ 5abce.3bc.4bc. j jt. jt a
violet foncé. — flore violaceo... V. 40 ☉ 5abce.3bc.4bc. j jt. jt a.
— — nain. — nana fl. violaceo. V. 20 ☉ 5abce.3bc.4bc. j jt. jt a.
odorant. odorata.......... Bl. 30 ☉ 5abce.3bc.4bc.9. j jt. jt a.
de Lagasca. Lagascana ...... Bl 30 ☉ 5abce.3bc.4bc.9. j jt. jt a.
toujours vert. sempervirens..... Bl. 20 ♃ 7db.7ca. av m j.

Thunbergia. THUNBERGIA. *Acanthacées*.
ailé, nankin (à œil noir.) alata............ Jp.Br. 125 ☉♃ 2bcd.2ef. j s.
—blanc (à œil noir). — alba.......... Bl.Br. 125 ☉♃ 2bcd.2ef. j s.
— orange (à œil noir). — aurantiaca..... O.Br. 125 ☉♃ 2bcd.2ef. j s.
— de Fryer (jaune d'or). — Fryeri........ Js. 125 ☉♃ 2bcd.2ef. j s.
— de Backer (blanc pur). — Backeri....... Bl. 125 ☉♃ 2bcd.2ef. j s.
— jaune pâle unicolore. — lutea unicolor.. Jp. 125 ☉♃ 2bcd.2ef. j s.

Thym. THYMUS. *Labiées*.
vulgaire. vulgaris......... Bll.Pn. 10 à 15 ♃ m j jt.

Tigridie. TIGRIDIA. *Iridées*.
Œil de Paon. Pavonia.......... R.J. 30 à 50 ♃ 7abcd.3abc.12b. 10c. m j.

Tithonie. TITHONIA. *Composées*.
à fleur de Tagétès. tagetiflora........ O. 150 à 200 ☉ 2b. s o.

Tolpis. *Voy*. CRÉPIS barbu.

Tournefortia. TOURNEFORTIA. *Borraginées*.
faux-Héliotrope. heliotropioides.... L. 30 à 40 ☉♃ 5d.2ab.7f. jt s. a s.

Tournesol. *Voy*. SOLEIL.

Trachélie. TRACHELIUM. *Campanulacées*.
bleue. cæruleum .... Bf. 50 ♃ 6abcdej. j a

Trachymène. *Voy*. HUGÉLIE.

Trapa. *Voy*. MACRE.

Trèfle. TRIFOLIUM. *Papilionacées*.
orange. aurantiacum...... J. 10 à 25 ☉ 5abc.4bc. j jt. jt a.

Trèfle. TRIFOLIUM (*Suite*).

des Alpes. Alpinum......... Ro. 20 ♃ 7db. j jt.
brun clair. badium.......... Jbr. 20 ♃ 7db. j jt.
rouge. rubens.......... Rop. 30 à 40 ♃ 7ca. j jt a.
d'eau. *Voy.* MENYANTHE.

Tricholæna (Monachyron). TRICHOLÆNA. *Graminées.*

rose. rosea........... Ap. Ep. ⊙♃ 2b. 2ef. 5c. 7f. jt a s.

Trichosanthe. TRICHOSANTHES. *Cucurbitacées.*

couleuvre. colubrina....... Fr. Bl. Grp. 200 à 300 ⊙ 2ef. 7f. j jt. a o.

Tritome. TRITOMA. *Liliacées.*

faux-Aloès. uvaria........... E. O. F. Jr. 100 ♃ 7abcdh. 7g. 11. m j s.

Trolle. TROLLIUS. *Renonculacées.*

d'Europe. Europæus........ Jo. 30 à 40 ♃ 7ca. 7db. 12a. m j s.

Tropæolum. *Voy.* CAPUCINE.

Tulipe. TULIPA. *Liliacées.*

de Gesner. Gesneriana...... Vé. 25 à 50 ♃ 7db. 12ab. av m.

Tunica (Gypsophila). TUNICA. *Silénées.*

Saxifrage. saxifraga........ C. Blr. 20 à 25 ♃⊙ 7ca. 7db. 6fg. 4ab. m j s. jt a.

Tussilage. TUSSILAGO. *Composées.*

blanc de neige. nivea. Petasites
niveus......... Blr. 20 ♃ 7dbj. ms m.

Typha. *Voy.* MASSETTE.

Tweedia (Oxypetalum). TWEEDIA *Asclépiadées.*

bleu. cærulea......... Ba. 30 à 40 ♃ 7ca. 7db. 6dbaj. 11. jt o.

Valériane. CENTRANTHUS. *Valérianées.*

des jardins, rouge. ruber........... Cm. 100 ♃ 5ab. 7ca. 7fe. 6fh. m j a. s o.
— rouge foncé. — ruberrima.... Rs. 100 ♃ 5ab. 7ca. 7fe. 6fh. m j a. s o.
— blanche. — alba.......... Bl. 100 ♃ 5ab. 7ca. 7fe. 6fh. m j a. s o.
macrosiphon. macrosiphon..... Ro. 30 à 40 ⊙ 5ced. 4abc 3ab. m j. j jt.
— à fleur blanche. — flore albo..... Bl. 30 à 40 ⊙ 5ced. 4abc. 3ab. m j. j jt.
— naine. — nanus......... Ro. 20 à 25 ⊙ 5ced. 4abc. 3ab. m j. j jt.
officinale. officinalis......... Blr. C. 100 ♃ 7ca. 6fh. j jt a.
phu. phu.............. Bl. 80 à 120 ♃ 7ca. 6fh. j jt a.
des montagnes. montana......... Rop. C. 15 à 25 ♃ 7db. 7ca. av m j.

Valériane FEDIA. *Valérianées.*

d'Alger. Cornucopiæ...... Ro. 15 à 30 ⊙ 5ce. 5d. 4bc. m j. j jt.
Grecque. *Voy.* POLÉMOINE.

Varaire. VERATRUM. *Mélanthacées.*

blanc. album........... Pit. Jp. 150 ♃ 7db. 7ca. 12a. j jt.
noir. nigrum.......... Pit. Vf. 90 ♃ 7db. 7ca. 12a. j jt.

Venidium. VENIDIUM. *Composées.*
à fleur de Souci. calendulaceum.... O. 15 à 30 ⊙ 5d. 2b. 3bc. 4bc. m j. jt o.

Veratrum. *Voy.* VARAIRE.

Verbascum. *Voy.* MOLÈNE.

Verbena. *Voy.* VERVEINE.

Vernonia. VERNONIA. *Composées.*
præalta. præalta.......... Vpé. 200 à 250 ♃ 7cah. 7i. 7bd. s n.
éminent. eminens.......... Vpé. 200 à 250 ♃ 7cah. 7i. 7bd. s n.

Véronique. VERONICA. *Scrofularinées.*
de Syrie. Syriaca.......... B. L. Bj. 10 à 20 ⊙ 5abcd. 4abc. 9. av m j. jt s o
— à fleur blanche. — alba.......... Bl. L. Bj. 10 à 20 ⊙ 5abcd. 4abc. 9. av m j. jt s o
élevée. grandis.......... B. 100 ♃ 7db. 7ca. jt a.
gentille. pulchella.......... Bf. 15 ♃ 7db. 7ca. m j.
à épi. spicata.......... B. 30 ♃ 7db. 7ca. jt a.
de Virginie. Virginiana.......... Bl. 150 ♃ 7db. 7i. jt a.

Vers. *Voy.* ASTRAGALE.

Verveine. VERBENA. *Verbénacées.*
de Miquelon. Aubletia.......... Rvé. A. 30 à 50 ⊙ 5d. 1bc. 2abcd. 8. j s. jt o.
jolie. pulchella.......... V. 15 à 30 ⊙♃ 5d. 1bc. 2abcd. 8. 11. j s. jt o.
à feuille rugueuse. venosa.......... V. 30 à 50 ⊙♃ 5d. 1bc. 2abcd. 8. 11. j s. jt o.
de Drummond. Drummondii.......... L. 30 à 50 ⊙ 5d. 1bc. 2abcd. 8. j s. jt o.
teucrioïde *ou* odorante. teucrioides hybrida. Vé. 60 ⊙♃ 5d. 1bc. 2abcd. 8. 11. j s. jt o.
variétés hybrides en mélange. hybridæ mixtæ varietates.......... Vé. 30 ⊙♃ 5d. 1bc. 2abcd. 8. 11. j s. jt o.
variétés hybrides panachées *ou* italiennes. Vé. Pé. 30 ⊙♃ 5d. 1bc. 2abcd. 8. 11. j s. jt o.

Vinca. *Voy.* PERVENCHE.

Viola tricolor. *Voy.* PENSÉE.

Violette. VIOLA. *Violacées.*
des quatre saisons. odorata.......... V. 15 ♃ 7caj. 6fh. 5abc. 12a. ms m. s n.
— à fleur blanche *ou* de Champlâtreux. — fl. albo.......... Bl. 15 ♃ 7caj. 6fh. 5abc. 12a. ms m. s n.
à long éperon. calcarata.......... V. 10 ♃ 7dbj. m jt.
de Rouen. Rothomagensis.......... Vb. 20 à 25 ♃ 7dbj. 7ca. 12a. m jt. a o.
du Mont-Cenis. Cenisia.......... V. 15 ♃ 7db. j a.
à deux fleurs. biflora.......... J. 10 ♃ 7db. 12a. ÷. j jt.
des bois. sylvestris et canina. Vp. 15 ♃ 7caj. 12a. 5abc. av m.
marine. *Voy.* CAMPANULE à grosse fleur.

Vipérine. ECHIUM. *Borraginées.*
de Crète. Creticum.......... E. 40 à 60 ⊙ 4bc. jt a.

Viscaria. VISCARIA. *Silenées.*

à cœur pourpre.	oculata..........	Ro. Br.	30 à 40 ☉	5cd. 3b. 4bc. 2ef. 8.	m jt. jt a. a s.
— — nain.	— nana..........	Ro. Br.	25 ☉	5cd. 3b. 4bc. 2ef. 8.	m jt. jt a. a s.
blanc.	— alba..........	Bl. Ro.	40 ☉	5cd. 3b. 4bc. 2ef. 8.	m jt. jt a. a s.
de Dunnett perfection nain *ou* nain lilas.	— Dunnetti lilacina nana.....	Ble.	40 ☉	5cd. 3b. 4bc. 2ef. 8.	m jt. jt a. a s.

cœli rosa. *Voy.* COQUELOURDE rose du ciel.

Vittadinia. VITTADINIA. *Composées.*

à trois lobes.	triloba..........	Blr.	20 à 30 ☉ ♃	5d. 2abc. 2ef. 11.	m n. j n.

Volubilis. *Voy.* IPOMÉE.

Wahlembergia. *Voy.* CAMPANULE à grande fleur.

Waitzie. WAITZIA. *Composées.*

dorée.	aurea (Morna nitida)..........	J.	30 à 50 ☉ ♃	2abcd. 1bcd. 5d. 2ef.	j jt a.
en corymbe.	corymbosa.......	Bl. R.	25 à 35 ☉ ♃	2abcd. 1bcd. 5d. 2ef.	j jt a.

Whitlavia. WHITLAVIA. *Hydrophyllées.*

à grande fleur.	grandiflora.......	Vb.	30 à 50 ☉	5d. 2a. 2ef. 4bc. 9.	m j. jt a. s o.
gloxinioïde.	gloxiniæflora.....	Bl. Ga.	30 à 50 ☉	5d. 2a. 2ef. 4bd. 9.	m j. jt a. s o.

Wigandie. WIGANDIA. *Hydroleacées.*

à grandes feuilles.	macrophylla (Caracasana)......	Fle. Pit.	100 à 200 ☉ ♃	. 1def. 11.	jt o.
brûlant.	urens..........	Fle. Pit.	100 à 200 ☉ ♃	7fi. 1def. 11.	jt o.
de Vigier.	Vigieri..........	Fle. Pit.	100 à 200 ☉ ♃	7fi. 1def. 11.	jt o.

Xeranthemum. *Voy.* IMMORTELLE annuelle.

Ximénésie. XIMENESIA. *Composées.*

à port d'Encelia.	encelioides.......	J.	100 à 120 ☉	3bc. 4bc.	jt s o.

Yucca. YUCCA. *Liliacées.*

filamenteux.	filamentosa......	Blv. Pit.	80 à 100 ♃	12b. 7dbh. 7ca. 10c.	j jt a.
flasque.	flaccida..........	Blv. Pit.	60 à 80 ♃	12b. 7dbh. 7ca. 10c.	j jt a.

Zauschneria. ZAUSCHNERIA. *Œnothérées.*

de Californie.	Californica......	E.	20 à 40 ☉ ♃	6bj. 7dbh	jt o.

Zinnia. ZINNIA. *Composées.*

élégant *ou* à grande fl. simple varié.	elegans, mixtæ varietates.	Vé.	75 ⊙	3bc. 2bc. 4bc. 8.	jt o.
— violet ordinaire.	elegans violacea	V.	75 ⊙	3bc. 2bc. 4bc. 8.	jt o.
— cocciné.	— coccinea	E.	75 ⊙	3bc. 2bc. 4bc. 8.	jt o.
— pourpre.	— purpurea	P.	75 ⊙	3bc. 2bc. 4bc. 8.	jt o.
— blanc.	— alba	Bl.	75 ⊙	3bc. 2bc. 4bc. 8.	jt o.
— jaune.	— lutea	Jp.	75 ⊙	3bc. 2bc. 4bc. 8.	jt o.
— à fl. double varié.	— fl. pleno, mixtæ var	Vé.	75 ⊙	3bc. 2bc. 4bc. 8.	jt o.
— cocciné double.	var. coccinea plena.	E.	75 ⊙	3bc. 2bc. 4bc. 8.	jt o.
— jaune double *ou* orange.	var. lutea plena.	J. O.	75 ⊙	3bc. 2bc. 4bc. 8.	jt o.
— violet double *ou* pourpre.	var. violacea plena.	V.	75 ⊙	3bc. 2bc. 4bc. 8.	jt o.
du Mexique.	Mexicana (Ghiesbreghtii)	J. O.	25 à 30	3bc. 2bc. 4bc. 8.	jt o.

CLASSEMENTS

CHOIX DE PLANTES ANNUELLES ET BISANNUELLES

SE REPRODUISANT PAR LE SEMIS.

Acroclinium roseum.
Adonide d'été.
Ageratum du Mexique et var. naine.
    cœlestinum nanum.
Agrostis capillaris *vel* nebulosa.
    elegans *vel* pulchella. *Voy.* Canche.
Aira pulchella. *Voy.* Canche.
Alonzoa Warscewiczii.
Alysse odorant *ou* maritime.
Amarante tricolore.
    bicolore.
    mélancolique très-rouge.
    gigantesque (speciosus).
    queue de renard rouge
    crête de coq. *Voy.* Célosie.
Amarantoïde violette *et variétés.*
Ammobium alatum.
Anthémis d'Arabie.
Argémone à grandes fleurs.
Bæria chrysostoma.
Baguenaudier d'Éthiopie à grandes fleurs.
Balisier (Canna) varié.
    variétés séparées.
Balsamine double variée.
    les variétés séparées.
    extra-double *ou* Camellia variée.
    — *les variétés séparées.*
    impatiens glanduligère.
Barbeau. *Voy.* Centaurée.
Bartonia doré.
Belle-de-jour, Liseron tricolore.
Belle-de-jour violette *ou* à grandes fleurs.
    à fleurs panachées.
    à fleurs blanches.
Belle-de-nuit variée.
    les variétés séparées.
    hybride, *les variétés.*
    odorante *ou* à longue fleur blanche.
Bleuet. *Voy.* Centaurée.
Brachycome iberidifolia *et var.*
Brize à gros épillets (B. major).
    à petits épillets (B. minor).
Browallia Czerwiakowsky.
Cacalie écarlate et var. orange.
Calandrinia à grandes fleurs.
    élégante.
Calcéolaires herbacées hybrides tigrées.
Callichroa platiglossa.
Callirhoe pedata et var. nana.
    involucrata.
Campanule à grosse fleur violette *ou* bleue simple et double.
    — blanche simple et double.
    — rose simple et double.
    miroir de Vénus.
    de Lorey *et variétés.*
    pentagonale et var. blanche.
Canche élégante (Aira *vel* Agrostis pulchella).
Capucine grande, *les variétés.*
    naine, *les variétés.*
    petite et var. à fleurs écarlates.
    hybride de Lobbianum variée.

Capucine hybride de Lobbianum, var. la Brillante.
des Canaries.
Célosie à épis roses.
crête-de-coq variée.
— *les variétés séparées.*
à panache cramoisi (C. feathered crimson).
Centaurée Bleuet *ou* barbeau varié.
déprimée (C. depressa).
musquée *ou* ambrette et var. blanche.
Centauridium Drummondii.
Centranthus. *Voy.* Valériane.
Chlora grandiflora.
Choux frisés et panachés.
Chrysanthème des jardins double, *les var.*
à carène, *les variétés.*
Pyrèthre rose double varié.
Cinéraires hybrides.
Clarkia pulchella, *les variétés.*
elegans, *les variétés.*
Cléome violet.
Cobæa grimpant.
Collinsia bicolore, *et variétés.*
multicolore, *et variétés.*
blanc (C. candidissima).
Collomia coccinea.
Coquelicot double varié.
Coquelourde rose du ciel, *et variétés.*
Coréopsis élégant, *et variétés.*
cardaminæfolia hybrida.
couronné.
de Drummond.
Cosmidium de Burridge.
Cosmos bipinné à grande fleur pourpre.
Crépis rose et blanc.
Crête-de-coq. *Voy.* Célosie.
Cuphea pourpre nain.
platycentra.
strigulosa.
Cupidone bleue et blanche.
Cynoglosse à feuille de Lin.
Dahlia coccinea.
Datura d'Égypte à fleur double, *et var.*
cornu.
meteloides.
Delphinium. *Voy.* Pied-d'alouette.
Dianthus. *Voy.* Œillet.
Digitale pourpre et var. gloxinioides.
Dolique d'Égypte violet, *et variétés.*
Dracocéphale de Moldavie.
Eccremocarpus grimpant.
Enothère de Drummond.
à feuille de Pissenlit.
blanche.
odorante à grandes fleurs.
de Lamarck.
Erysimum de Petrowski.
Eschscholtzia de Californie, *et variétés.*
Eutoca viscida.
Ficoïde tricolore, *et variétés.*
capitée.
glaciale.
de l'après-midi.
Gaillarde peinte, *et variétés.*
Gamolepis tagetes.
Gaura Lindheimeri.
Gesse odorante. *Voy.* Pois de senteur.
Gilia tricolor, *et variétés.*
capitata, *et variétés.*
laciniata.
achillæfolia alba.
Giroflée quarantaine variée.
— *les variétés séparées.*
— à grande fleur variée.
— — *les variétés séparées.*
— naines *ou* Lilliputiennes, *les var.*
— naine à bouquets, *les variétés.*
— à rameaux compactes, *les var.*
— parisienne, *les variétés.*
— cocardeau, *les variétés.*
bisannuelle *ou* grosse espèce variée.
— — *les variétés séparées.*
— Empereur, *les variétés séparées.*
jaune brune hâtive.
— violette.
— variée.
Godetia rubicunda et var. splendens.
de Schamin.
de Lindley nain.
Gueule-de-lion. *Voy.* Muflier.

Gutierrezia gymnospermoides.
Gypsophila elegans et viscosa.
Haricot d'Espagne, *et variétés*.
Helenium tenuifolium.
Hibiscus. *Voy.* Ketmie.
Hordeum jubatum.
Humea elegans.
Immortelle annuelle, *et variétés*.
  à bractées, *et variétés*.
Impatiens. *Voy.* Balsamine.
Ipomée volubilis varié.
  — *les variétés séparées*.
  écarlate.
  à feuilles de Lierre à grande fleur.
  limbata.
  du Mexique à grande fleur blanche.
Ipomopsis élégant, *et variétés*.
Isotoma axillaris et petræa.
Julienne de Mahon, *et variété*.
Kaulfussia amelloides, *et variété*.
Ketmie d'Afrique.
Lagurus ovatus.
Lavatère à grande fleur, *et variété*.
Leptosiphon androsace, *et variétés*.
  à grandes fleurs (densiflorus), *et var*.
  jaune d'or.
  hybride varié.
  — acajou.
Lin à grandes fleurs rouges.
Linaire pourpre, *et variété*.
Loasa orangé.
Lobelia Erinus speciosa.
  — marmorata.
  — grandiflora superba.
  — compacta alba.
  — Lindleyana.
  gracilis erecta.
  ramosa *et var.* naine.
Lophospermum grimpant, *et variété*.
Lunaire annuelle, Monnaie du pape.
Lupin grand bleu *et var.* rose.
  nain, *et variété*.
  changeant *et var.* de Cruickshank.
  hybride de Cruickshank.
  jaune soufre, *et variété*.
Lupin pubescent.
  tricolore élégant.
  subramosus (subcarnosus).
Lychnis croix de Jérusalem.
Machæranthera (Aster) tanacetifolia.
Maïs panaché du Japon.
Malope à grandes fleurs, *et variété*.
Matricaria eximia et autres.
Maurandia de Barclay, *et variétés*.
Mauve d'Alger.
Mimulus cardinalis, *et variétés*.
  punctatus
  rubinus.
  speciosus.
  arlequin fond blanc.
  — fond jaune.
  cupreus, *et var. hybrides*.
Molène de Phénicie.
Mouron (Anagallis) à grande fleur, *les var*.
Muflier varié (Gueule-de-loup *ou* de lion, Mufle de veau).
  — *les variétés séparées*.
  nain varié.
  — *les variétés séparées*.
Myosotis des Alpes, *et variété*.
Nemophila insignis, *les variétés*.
  atomaria, *les variétés*.
  maculata.
Nierembergia gracilis.
  frutescens.
Nigelle de Damas, *et variété*.
  d'Espagne, *et variété*.
Nolana atriplicifolia, *et variété*.
  lanceolata.
Nycterinia selaginoides.
Œillet de la Chine double varié.
  — *les variétés séparées*.
  — à larges feuilles variées.
  — de Heddewig varié.
  — lacinié varié.
  de Gardner.
  de poëte varié.
  — double varié.
  — oculé-marginé varié.
  dentelé (D. dentosus).

Œillet double des jardins, varié.
— — — nain hâtif.
— de fantaisie varié.
— — fond jaune varié.
— — — blanc varié.
— — — ardoisé varié.
— flamand varié.
— remontant varié.
d'Inde. *Voy.* Tagète.
Œnothera. *Voy.* Enothère.
Oxalis rose.
Passe-rose. *Voy.* Rose-Trémière.
Pavot double des jardins varié.
— — *les variétés séparées.*
Pensées à grandes fleurs *ou* anglaises variées.
— — à grandes macules variées.
— *les variétés et couleurs séparées.*
Pentstemon gentianoides, *et variétés.*
Hartwegii (cæruleus).
elegans, pulchellus et campanulé, *les var.*
Perilla de Nankin.
Persicaire du Levant *et variétés.*
Petunia blanc.
violet (P. phœnicea).
hybride varié.
— à grande fleur rouge pourpre.
— — centre pourpre veiné.
— — étoilé, panaché varié.
— Gloire de Segrez.
— *plusieurs autres variétés.*
Phacelia bipinnatifida (congesta).
Phlox Drummondii varié.
— écarlate.
— *les autres variétés séparées.*
Pied-d'alouette (Delphinium) nain double varié.
— — — *les variétés séparées.*
— grand double varié.
— — — *les variétés séparées.*
— des blés double varié.
— — — *les variétés séparées.*
— à pétales en cœur (cardiopetalum).
— vivace formosum.
— — à grande fleur *et variétés.*
— — hybride varié.

Podolepis gracilis.
affinis.
Pois de senteur varié.
les variétés séparées.
Pourpier à grandes fleurs varié.
— — *les variétés séparées.*
Primevère de Chine, *les variétés séparées.*
Pyrethrum roseum double varié.
Reines-Marguerites pyramidales en mélange.
pyramidales Pivoines en mélanges.
— — *les variétés séparées.*
— perfection, *les variétés séparées.*
— à fleur de Chrysanthème, *id.*
— à fleur imbriquée, *id.*
— — — pompon, *id.*
— à fleur bombée, *id.*
— demi-naines, *id.*
— — à bouquets, *id.*
couronnées, *id.*
Chrysanthème naine variée.
— *les variétés séparées.*
Anémone variée.
— *les variétés séparées.*
naine à bouquets, *id.*
très-naine variée.
— *les variétés séparées.*
à dards *ou* à aiguilles, *id.*
à fleurs de Renoncule variée.
— *les variétés séparées.*
Réséda odorant.
à grandes fleurs.
Rhodante Manglesii.
maculata et var. à fleurs blanches.
Ricin sanguin.
grand ordinaire et pourpre.
Rose d'Inde. *Voy.* Tagète.
Rose-Trémière, Passe-rose variée.
— *les variétés séparées.*
— anglaise variée.
— — *les variétés séparées.*
de la Chine, *et variété.*
Rudbeckia amplexicaulis.
Drummondii (Obeliscaria pulcherrima).
Sainfoin d'Espagne *ou* à bouquets.
Salpiglossis hybride varié.

Salpiglossis hybride, *les variétés séparées.*
— nain varié.
Sanvitalia procumbens.
— var. flore pleno.
Saponaire de Calabre, *et variétés.*
Sauge Hormin violette.
— rouge.
écarlate (Salvia coccinea).
— naine (S. punicea nana).
argentée.
Scabieuse des jardins, *et variétés.*
— naine, *et variétés.*
Schizanthus retusus, *et variétés.*
Grahami, *et variétés.*
pinnatus, *et variétés.*
Schortia Californica.
Scyphanthus elegans.
Seneçon des Indes *ou* élégant double varié.
— — — *les variétés séparées.*
— — — double nain, *les variétés.*
Silène à bouquets (S. Armeria).
d'Orient (S. compacta).
pendula, *et variétés.*
Solanum atropurpureum.
citrullifolium.
laciniatum.
marginatum.
robustum.
sisymbriifolium.
Texanum.
Gilo.
Soleil Tournesol double et var. naine.
— de Californie double.
— du Texas (H. argophyllus) et var. double.
Souci double des jardins.
à la reine *ou* de Trianon.
pluvial hybride *et var.* double.
Sphenogyne speciosa.
Statice Bonduelli.
Stevia pourpre.
serrata.
Tabac de la Havane.
Tabac géant à grande fleur pourpre.
à longues fleurs.
Tagétès, Œillet d'Inde double.
— — nain double.
— — très-nain double.
— — très-nain jaune double.
— — rayé.
— — — nain simple.
Rose d'Inde double.
— — jaune citron.
— — naine hâtive.
signata pumila.
lucida.
Thlaspi blanc *et var.* julienne.
lilas *et var.* carnée.
violet foncé *et var.* naine.
de Lagasca.
odorant.
Thunbergia alata, *et variétés.*
Tournefortia heliotropioides.
Trèfle orange.
Tunica Saxifraga.
Valériane (Centranthus) macrosiphon.
— *et var.* naine.
Venidium à fleur de Souci.
Veronica Syriaca.
Verveines (Verbena) hybrides variées.
— *les variétés.*
— Italiennes variées.
teucrioïde.
à feuilles incisées.
pulchella.
pulcherrima.
Aubletia (de Miquelon) et Drummondii.
rugosa.
Viscaria oculata, *et variétés.*
Volubilis. *Voy.* Ipomée.
Whitlavia grandiflora *et var.* gloxinioides.
Zinnia élégant simple varié.
— — *les variétés séparées.*
— double varié.
— — *par couleurs séparées.*
du Mexique.

CHOIX DE PLANTES GRIMPANTES

SE MULTIPLIANT PAR LE SEMIS.

Abobra viridiflora.
Abronia en ombelle.
Adlumia cirrhosa.
Bryone dioïque.
Capucine grande.
 — brune.
 — jaune ou orange de Dunnett.
 — panachée.
 — hybride du T. Lobbianum, *et var.*
 des Canaries.
Cardiosperme. Pois de cœur.
Cobée grimpante.
Coloquinte orange.
 galeuse.
 poire, *les variétés.*
 maliforme, *les variétés.*
 et autres variétés.
 vivace (Cucurbita perennis).
Concombre Chaté.
 dipsacé.
 Dudaïm.
 métulifère.
 arada.
 et autres variétés.
Courge cougourde *ou* Calebasse de pèlerin.
 poire à poudre.
 massue d'Hercule.
 plate de Corse.
 syphon.
 et autres variétés.
Dolique d'Égypte. Lablab à fleur violette.
 — à fleur blanche.
Eccremocarpus grimpant.
Gesse. *Voy.* Pois.
Haricot d'Espagne rouge.
 — bicolore.
 — blanc.

Ipomée pourpre *ou* Volubilis varié.
 — blanche.
 — rouge vif (Kermesina).
 — violet foncé.
 — panachée tricolore.
 — *et autres variétés.*
 limbata *et var.* hybride.
 écarlate.
 à grande fleur blanche du Mexique.
 Quamoclit.
 — à fleur blanche.
 à feuille de Lierre *et variétés.*
 du Nil. Liseron de Michaux.
 épineuse (Bona nox).
Loasa orangé.
Lophospermum grimpant.
 — d'Anderson.
Maurandia de Barclay.
 — à fleur rose vif (scarlet).
 — à fleur lilas.
 — de Lucey (rose clair).
 à fleur de Muflier.
 à fleur blanche.
Momordique à feuille de Vigne.
 pomme de merveille.
Morelle. Douce-amère.
Petunia violet *ou* phœnicea.
 blanc.
 hybride variée.
 et autres variétés.
Pois de senteur varié (Gesse odorante).
 — blanc.
 — panaché violet.
 — — rose.
 — rouge carmin vif (invincible scarlet).
 — *et autres variétés.*

Pois vivace *ou* à bouq. (Gesse à large feuille).
Pois vivace à fleur blanche.
Scyphanthe élégant.
Thunbergia ailé (jaune à œil noir).
— blanc (à œil noir).
— orange (à œil noir).
Thunbergia ailé de Fryer (jaune vif unicolore).
— jaune pâle unicolore.
— de Backer (blanc unicolore).
Trichosanthes couleuvre.
Volubilis. *Voy.* Ipomée.

CHOIX DE PLANTES POUR BORDURES (1)

SE MULTIPLIANT PAR LE SEMIS.

Adonide d'été.
Æthionema du Mont-Liban.
Ageratum bleu de ciel nain.
Agrostide capillaire.
Alysse corbeille d'or.
odorante.
Amarante crête-de-coq naine, *les variétés.*
mélancolique très-rouge.
Amarantoïde, *les variétés.*
Anémone des fleuristes.
Anthémis d'Arabie.
Arabette des Alpes et printanière.
des sables (Arabis arenosa).
Aubretia deltoidea.
purpurea.
Balsamines, *les variétés grandes et naines.*
Basilic fin vert.
— violet.
Belle-de-jour. Liseron tricolore, *les variétés.*
Brachycome à feuille d'Ibéride.
— à fleur blanche.
Brize à grande fleur.
grêle.
Brunelle à grande fleur.
Cacalie orange.
Campanule miroir de Vénus, *les variétés.*
de Lorey, *les variétés.*
pentagonale, *les variétés.*
à feuille en cœur (C. Carpatica) bleue.
— — blanche.
Canche élégante (Aira *ou* Agrostis puchella).
Capucines naines, *les variétés.*
Cinéraire maritime.
Clarkia pulchella, *les variétés naines.*
Collinsia, *les espèces et les variétés.*
Collomia écarlate.
Coloquintes diverses (2).
Coquelourde fleur de Jupiter.
rose du ciel, *et les variétés.*
Coréopsis élégant très-nain.
couronné.
Courge à la moelle.
d'Italie, *var. coureuse* (2).

---

(1) Plusieurs autres plantes auraient pu aussi, à cause de leur petitesse, prendre place dans cette liste, nous avons cru devoir omettre les plus délicates, qui sont, pour la plupart, des plantes alpines. On emploiera de même, souvent avec avantage, pour bordures dans les grands jardins, des plantes que nous n'avons pas placées ici à cause de leurs trop grandes dimensions.

(2) Toutes les espèces coureuses de *Cucurbita pepo* produisent un joli effet, lorsqu'on dirige leurs tiges pour former des bordures, surtout à des expositions ombrées, car, par la sécheresse, il arrive souvent que les feuilles se couvrent d'une espèce de champignon appelée *le blanc*, qui leur donne un aspect désagréable. On fait de même de très-jolies bordures avec *le Lierre.*

Crépis rose.
    blanc.
Crucianella stylosa.
Cuphea à large éperon.
    pourpre nain.
    strigulosa.
Cyclamen d'Europe.
    — à feuille de Lierre.
Cynoglosse à feuille de Lin.
Enothère blanche.
    à feuille de Pissenlit.
    bistorte de Veitch.
    tardive.
    de Drummond naine.
Epervière orangée
Erigeron glabre.
Eschscholtzie de Californie, *et les variétés.*
    à feuille menue.
Eucharidium à grande fleur.
Ficoïde tricolore.
Fumeterre jaune.
Gaillarde peinte.
Gamolepis annuel.
Gentiane à grande fleur. G. acaulis.
Gilia tricolor, *et les variétés.*
    laciniata.
Giroflée quarantaine, *les variétés.*
    jaune brune hâtive.
Gypsophila muralis.
Immortelles à bractées, *les variétés naines.*
Ionopsidium acaule.
Isotoma axillaire.
    Petræa.
Julienne *ou* Giroflée de Mahon.
    à fleur blanche.
Kaulfussia amelloïde.
Lagurus à épi ovale.
Leptosiphon, *les espèces et variétés.*
Limnanthes de Douglas à grande fleur.
Lin à grande fleur rouge.
Linaire pourpe.
Lobelia Erinus. *et les variétés.*
    gracilis, *et variété.*
    ramosa, *et variété.*
Lupin nain.
Lupin u mosus (L. subcarnosus).
Malcolmia bicolore.
Myosotis. Scorpione des marais.
    Alpestris.
    — à fleur blanche.
Nemesia compacta elegans.
Nemophila, *les espèces et variétés.*
Nierembergia grêle.
    frutescens.
Nigelle d'Espagne naine.
Nycterinia à fleur de Sélagine.
Œillet des fleuristes double nain hâtif.
Œillet de la Chine à fleur double, *et les var.*
    Mignardise d'Écosse.
    superbe nain.
    deltoïde.
    dentelé.
Oreille d'ours. Auricule.
Oxalis à fleur rose.
    corniculé à feuilles pourpres.
    floribunda, *et variété.*
Pâquerette petite.
    double des jardins.
Pensée à grande fleur, *les variétés.*
Perilla de Nankin.
Pervenche de Madagascar, *et variété.*
Petunia blanc.
    violet.
    gloire de Segrez.
    hybride, *et variétés.*
Phacelia bipinnatifida *vel* congesta.
Phlox de Drummond, *et les variétés.*
Pied-d'alouette nain, *les variétés.*
    à pétales en cœur.
Podolepis gracilis.
    affinis.
Pourpier à grande fleur, *et les variétés.*
Primevère des jardins variée.
    à grande fleur.
Reine-Marguerite pyramidale, demi-naine, *les variétés.*
    Anémone, *les variétés.*
    très-naine, *les variétés.*
Réséda odorant, *et var.* à grande fleur.
Renoncules des fleuristes.

Sagine subulée (Spargoute pilifère).
Sanvitalia rampant.
— à fleur double.
Saponaire de Calabre.
— à fleur blanche.
ocimoïde.
Scabieuse naine, *les variétés.*
Schizanthe émoussé nain.
Schortia de Californie.
Sedum azuré.
spurium.
Seneçon des Indes double nain, *les variétés.*
Silène rose.
à bouquets. Muscipula, *les variétés.*
pendula.
— blanc.
— très-rouge à tiges brunes (ruberrima).
Saxifraga.
Schafta.
Souci double des jardins.
Spergule pilifère. *Voy.* Sagine subulée.
Sphénogyne éclatante.
Stachys laineux.
Statice Armeria. Gazon d'Olympe.
Stipa plumeux.
Tagétès. Œillet d'Inde nain.
— très-nain.
— — jaune.
Rose d'Inde naine hâtive.
taché nain (T. signata pumila).
luisant.
Teucrium chamœdrys (Germandrée petit-Chêne).
Thlaspi, *les variétés.*
odorant.
vivace *ou* toujours vert.
Thym commun.
Tournefortia heliotropioides.
Trèfle orange.
Tunica Saxifraga.
Valériane d'Alger.
macrosiphon naine.
Veronica pulchella.
Syriaca, *et variété.*
Verveine, *les espèces et variétés.*
Violette des quatre saisons.
Viscaria à œil pourpre, *et les variétés.*
Viltadinia à trois lobes.
Zinnia Mexicana.

PLANTES A FLEURS ODORANTES

SE REPRODUISANT PAR LE SEMIS.

Abronia en ombelle.
Adenophora liliifolia.
Alysse odorant.
Aspérule odorante.
Belle-de-nuit, *les variétés.*
odorante *ou* à longue fleur.
— violette.
hybride.
Centaurée musquée. Ambrette violette.
— blanche.
odorante *ou* Barbeau jaune.
Cyclamen d'Europe.
à feuille de Lierre.
Datura d'Égypte à fleur violette.
— à fleur blanche.
meteloides.
cornu.
Dolique d'Égypte, *les variétés.*
Enothère odorante *ou* à grande fleur.
— à feuille de Pissenlit.
— bisannuelle.
Erine des Alpes.
Erysimum Petrowskianum.
Gesse odorante. *Voy.* Pois de senteur.
Giroflée quarantaine, *les variétés.*
cocardeau rouge, blanc et violet.

Giroflée Empereur perpétuelle, *les variétés.*
d'hiver *ou* grosse espèce, *les variétés.*
des fenêtres, *et variété.*
Giroflée jaune, *les variétés.*
Gypsophila viscosa.
Héliotrope du Pérou, *et variétés.*
à grande fleur.
de Voltaire.
triomphe de Liége.
Ionopsidium acaule.
Ipomée écarlate.
à grandes fleurs blanches du Mexique.
Lindheimera Texana.
Lunaire vivace.
Lupin jaune odorant.
— soufre.
pubescent.
changeant.
— de Cruikshank.
— — hybride.
Martynia pourpre odorant.
Mauve musquée.
Muguet de Mai.
Nycterinia du Cap.
Nycterinia selaginoides.
Œillet double ordinaire, *les variétés.*
— flamand.
— de fantaisie, *et variétés.*
— remontants.
Mignardise d'Écosse.
de Gardner.
superbe.
Pensées, *quelques variétés.*
Petunia à fleur blanche *ou* odorant.
hybride, *quelques variétés.*
Phlox vivaces.
Pois de senteur, *les variétés.*
Réséda odorant.
à grande fleur.
Sainfoin d'Espagne.
Schizopetalum de Walker.
Thlaspi odorant.
Trichosanthes couleuvre.
Valériane des jardins, *et variétés.*
Verveine teucrioïde *ou* odorante.
de Drummond.
hybride, *quelques variétés.*
Violette odorante des quatre saisons.

PLANTES A SOUCHE, A TIGES OU A FEUILLES ODORANTES

SE REPRODUISANT PAR LE SEMIS.

Achillée Millefeuille à fleur rose.
Ansérine Ambroisie et botryde.
Anthemis tinctoria.
Aspérule odorante.
Basilic, *les espèces et variétés.*
Brunelle à grande fleur.
Dracocéphale des monts-Altaï.
de Moldavie.
Géranium (Erodium) musqué.
Humea élégant.
Hysope officinale.
Matricaire double et mandiane.
Mélilot bleu *ou* odorant.
Mimule musqué.
Monarde fistuleuse.
Perilla de Nankin.
Stevia serrata.
Tagetes lucida.
Tanaisie.
Thym commun.

PLANTES GRAMINÉES

SE REPRODUISANT PAR LE SEMIS.

Agrostide capillaire *ou* nébuleuse.
Brize à grande fleur.
grêle.
Bryzopyrum siculum.
Canche élégante (Aira *vel* Agrostis pulchella).
Elyme des sables.
Eragrostide élégante (Panicum capillare).
Erianthus Ravennæ.
Gynerium argenteum, *et variétés.*
Lagurus à épi ovale.
Lamarckia doré.
Larmes de Job (Coix lacryma).
Orge à épi en crinière.
Pennisetum velu (P. longistylum).
Stipa plumeux.

PLANTES A FRUIT D'ORNEMENT

SE REPRODUISANT PAR LE SEMIS.

Alkékenge. *Voy.* Coqueret.
Asclépiade à la ouate.
Aubergine blanche. Plante aux œufs.
à fruit écarlate.
Blette effilée (Épinard fraise).
en tête (Épinard fraise).
Calebasse. *Voy.* Gourde.
Cardiosperme. Pois de cœur.
Chenille petite.
grosse.
rayée.
velue.
Coloquinte, *les variétés.*
Concombre serpent.
d'attrape. Momordique.
Dudaïm.
Chaté.
arada.
dipsacé.
métulifère.
Coqueret officinal.
Coton herbacé.
nankin.
Cornaret. *Voy* Martynia.
Cougourde. *Voy.* Gourde.
Courge. *Voy.* Coloquinte et Gourde.
Dolique d'Égypte, Lablab violet.
Gourde, *les variétés.*
Hérisson.
Larmes de Job (Coix lacryma).
Limaçon.
Martynia annuel. Cornaret.
pourpre odorant.
jaune.
Momordique. Pomme de merveille.
à feuille de Vigne.
Morelle (Solanum) du Texas.
gilo.
Physalis. *Voy.* Coqueret.
Piment, *les variétés.*
Plante aux œufs. *Voy.* Aubergine.
Pomme de merveille. *Voy.* Momordique.
Pondeuse. *Voy.* Aubergine.
Serpent. *Voy.* Concombre et Trichosanthes.
Trichosanthes couleuvre.
Vers.

PLANTES AQUATIQUES

SE REPRODUISANT PAR LE SEMIS.

Aponogéton à double épi.
Butome. Jonc fleuri.
Caltha des marais.
Choin marisque.
Cirse oléracé.
Epilobe rose *ou* hérissé.
Iris pseudacorus.
Livèche du Péloponèse.
Lysimaque commune.
Mâcre. Châtaigne d'eau.
Massette à large feuille.
Ményanthe. Trèfle d'eau.
Myosotis palustris. Souvenez-vous-de-moi.
Nénuphar (Nymphæa) blanc. Lis d'eau.
jaune.
Oseille Patience.
à grandes feuilles.
Phalaris roseau.
Plantain d'eau (Alisma plantago).
Renoncule aquatique.
grande douve (R. lingua).
Sagittaire. Flèche d'eau.
Salicaire (Lythrum salicaria).
Scorpionne des marais. *Voy.* Myosotis.
Thalia dealbata.
Typha. *Voy.* Massette.

PLANTES POUR ROCHERS, ROCAILLES ET TALUS ROCAILLEUX

SE REPRODUISANT PAR LE SEMIS.

Achillée Millefeuille.
Adonis vernalis.
Æthionème du mont-Liban.
Alysse corbeille d'or.
odorant.
épineux.
deltoïde. *Voy.* Aubrietia.
Ancolie des Alpes.
de Sibérie.
Androsace, *plusieurs espèces.*
Anémone pulsatille.
à fleur de Narcisse.
fausse-Renoncule.
printanière.
des Alpes.
fraise.
de Haller.
Arabettes des Alpes et printanière.
Aspérule odorante.
Aster des Alpes.
Astrances petite et grande.
Aubrietia deltoidea (Alysse deltoïde).
purpurea.
Auricule. *Voy.* Primevère Auricule.
Benoite rampante.
des montagnes.
des ruisseaux.
Berce des Alpes.
Brunelle à grande fleur.
Bugrane à feuille ronde.
Calandrinia umbellata.
Campanule pyramidale.
— blanche.
barbue (C. barbata).
noble à fleur blanche.
à feuille de Lamier *ou* d'Orvale.
à feuille ronde et à fleur double.
à feuille en cœur (C. Carpatica).

Campanule à feuille en cœur var. à fl. blanche.
    naine (C. Bocconi) et *var.* à fleur blanche.
    en thyrse.
    plusieurs autres.
Centaurée des montagnes.
Cinéraire maritime.
Coquelourde fleur de Jupiter.
Coqueret officinal.
Cortusa Matthioli.
Corydale jaune.
Crucianelle à long style et *var.* purpurea.
Cymbalaire. *Voy.* Linaire.
Dianthus. *Voy.* Œillet.
Digitales diverses.
Dracocéphale des monts-Altaï.
Drave faux-Aizoon.
    rampante.
Dryas à huit pétales.
Énothère bistorta Veitchiana.
    rose.
Épervière orangée.
Épilobe à feuille de Romarin.
    à feuille étroite.
Erinus Alpinus.
Ficoïde tricolore.
    glaciale.
Fumeterre jaune. *Voy.* Corydale.
Gentiana, *plusieurs.*
Géranium herbe à Robert.
    sanguineum.
Germandrée, petit-Chêne.
Gesse à large feuille, *et variétés.*
Giroflée jaune, *les variétés.*
Grémil bleu et pourpre.
Gypsophila paniculata.
    Steveni.
Hélianthème pulvérulent.
Hellébore fétide.
Hysope officinale.
Ionopsidium acaule.
Iris Germanique.
    hybride.
Jasione perennis.
Joubarbe des toits.
Lin des montagnes.
Linaire des Alpes.
    Cymbalaire.
Lychnis Alpina.
Mimule musqué.
Muflier, *les variétés.*
Œillet (Dianthus) superbus.
    — caesius.
    — deltoides.
    — dentosus.
    — Scotticus.
    — Monspessulanus.
Oreille d'ours. *Voy.* Primevère Auricule.
Orobe printanier.
Oxalis corniculé à feuille pourpre.
Panicaut des Alpes.
    améthyste.
Pavot cambrique.
    orangé.
Pentstemon pubescent.
Petunia blanc *ou* odorant.
    violet.
    hybride, *et variétés.*
Potentille ascendante.
    dorée.
    à grande fleur.
Primevère des jardins.
    à grande fleur.
    Auricule, Oreille d'ours.
Ramondia Pyrenaica.
Sabline de Mahon.
    à feuille de Mélèze.
Sagine subulée. Spargoute pilifère.
Sanvitalia rampant et *var.* à fleur double.
Saponaire ocymoïde.
Saxifrage granulé.
    tridactyle.
    hypnoïde. Gazon Turc.
    faux-Aizoon.
    et plusieurs autres espèces.
Scabieuse à feuille de Graminée.
Scutellaire des Alpes.
    à grandes fleurs.
Sedum azuré.
    spurium, *et variété.*

Sedum âcre.
blanc.
et quelques autres.
Silène à courte tige (S. acaulis).
Saxifraga.
Schafta.
Soldanelle des Alpes.
Stachys laineux.
Statice Armeria (Gazon d'Olympe).
Stipa plumeux.
Thlaspi vivace *ou* toujours vert.
Thym commun.
Trachélie bleue.
Tunica Saxifraga.
Tussilage blanc de neige.
Valériane des jardins rouge.
— rouge foncé.
— blanche.
Veronica pulchella.
Verveine jolie.
Violette à deux fleurs.
du mont-Cenis.
à long éperon.
et plusieurs autres.
Zauschneria Californica.

PLANTES CROISSANT A L'OMBRE SOUS BOIS

SE REPRODUISANT PAR LE SEMIS.

Acanthe molle.
épineuse.
Aconit Napel, *et variété.*
plusieurs autres espèces.
Actæa à épi.
Ancolie, *les diverses espèces et variétés.*
Asclépiade à la ouate.
Aspérule odorante.
Astrance petite et grande.
Balsamine, *les diverses espèces et variétés.*
Benoite rampante.
des ruisseaux.
Brunelle à grande fleur.
Bryone dioïque (*grimpante*).
Buglosse toujours verte.
Campanule gantelée.
élevée (C. grandis).
à large feuille.
et plusieurs autres.
Centaurée barbeau vivace.
Cirse oléracé.
Consoude officinale.
Cyclamen d'Europe, *et variétés.*
à feuille de Lierre *ou* de Naples.
Digitale, *les diverses espèces et variétés.*
Doronic herbe aux panthères.
Énothère rose.
Galeobdolon jaune.
Gentiane asclépiade, *et quelques autres espèces et variétés.*
Géranium sanguin.
Grémil violet *ou* bleu pourpre.
Impatiens glanduligère.
à trois cornes.
ne-me-touchez-pas.
Iris Germanique.
hybride.
Julienne des jardins à fleur simple.
Linaire Cymbalaire.
Lobelia syphilitica, *et variétés.*
Erinus, *et variétés.*
Lunaire vivace.
Lysimaque commune.
Mélitte des bois.
Mimulus musqué.
Morelle Douce-amère (*grimpante*).
Muguet de Mai.
multiflore.
sceau de Salomon.
Myosotis scorpionne des marais.

Myosotis des Alpes, *et variété*.
Œillet superbe.
Ornithogale des Pyrénées.
Orobe printanier.
 noir.
Oseille Patience.
Pavot cambrique.
Phalangère rameuse.
Pigamon à feuille d'Ancolie.
Polémoine. Valériane Grecque.
Primevère des jardins.
 à grande fleur.
 Auricule (Oreille d'ours).
Pulmonaire officinale.
Renoncule à feuille d'Aconit.
Rhubarbes diverses.
Sagine à feuilles subulées.
Saxifrages, *plusieurs*.
Scille penchée.
Tamme commun (*grimpante*).
Trollius Europæus.
Valériane officinale.
Veronica chamædrys.
 pulchella.
Violette des quatre saisons.

CHOIX DE PLANTES VIVACES

SE REPRODUISANT PAR LE SEMIS.

Un assez grand nombre de plantes appartenant à cette catégorie, font partie de la liste générale; en parcourant la *cinquième colonne*, il est facile de les reconnaître au signe ♃ qui les distingue. Bien que toutes celles que nous avons indiquées aient chacune leur genre de mérite, elles sont cependant plus ou moins ornementales; quelques-unes n'ont que des fleurs peu apparentes, mais conviennent pour garnir les rochers ou des lieux ombragés; la plupart des plantes alpines sont aussi vivaces. La liste qui suit a pour but de diriger dans le choix des *plantes vivaces* donnant graine, qui produisent le plus d'effet dans les jardins.

Acanthe à feuille molle.
 épineuse.
 de Portugal.
Achillée à feuille de Filipendule.
 Millefeuille à fleur rose.
Adénophore à feuille de Lis.
Ætionema du mont-Liban.
Alstrœmère du Chili.
 orange.
Alysse corbeille d'or.
Ancolie des jardins double variée.
 — panachée.
 — hybride.
 du Canada.
 de Skinner.
 de Sibérie.
Anémone des fleuristes.
Anthemis tinctoria.
Arabettes des Alpes et printanière.
Armeria. *Voy.* Statice.
Asclépias tubéreux.
 à la ouate.
Asphodèle rameux.
 jaune.
Aster, *les espèces et variétés*.
Aubrietia deltoidea.
 purpûrea.
Balisier, *les espèces et variétés*.
Benoite du Chili *ou* écarlate.
Berce de Sibérie, *et plusieurs autres*.
Bétoine à grande fleur.
Bocconia cordata.
Brunelle à grande fleur.
Buglosse d'Italie.

Campanule pyramidale bleue.
— blanche.
à large feuille, *et variétés*.
élevée.
à feuille de Pêcher, *et variétés*.
à feuille d'Ortie, *et variétés*.
à grande fleur.
à feuille en cœur, *et variété*.
Canna. *Voy*. Balisier.
Centaurea montana, *et variété*.
Babylonica.
macrocephala.
Orientalis.
Chrysanthème vivace d'automne, *divers*.
rose. *Voy*. Pyrèthre.
Comméline tubéreuse.
Coquelourde des jardins, *les variétés*.
fleur de Jupiter.
Coréopsis auriculé.
longipes.
Corydale jaune.
Croix de Jérusalem. *Voy*. Lychnis.
Crucianella stylosa.
Cupidone bleue.
blanche.
Cyclamen d'Europe.
à feuille de Lierre *ou* de Naples.
Dahlia double varié.
cocciné.
Dielytra spectabilis.
Digitale pourpre, *les variétés*.
— gloxinioïde, *et variété*.
à grande fleur.
Dracocéphale des monts-Altaï.
de Virginie.
Échinope boule azurée.
Élyme des sables.
Énothère tardive.
Épervière orangée.
Eremostachys laciniata.
Erigeron. *Voy*. Stenactis.
Fraxinelle rouge.
blanche.
Fumeterre. *Voy*. Corydale.
Gaillarde vivace.
Galane barbue, *et var*. écarlate.
Galéga d'Orient.
officinal bleu.
— blanc.
Gaura Lindheimeri.
Gentiane à grande fleur (G. acaulis).
Géranium sanguin.
Gesse à large feuille. Pois vivace à bouquets.
— à fleur rouge.
— à fleur blanche.
Glaïeul hybride de Gandavensis.
Gynerium argenteum.
Gypsophile paniculée.
de Steven.
Helenium à feuille menue.
d'automne.
Hysope officinale.
Iris Germanique *et var*. hybrides.
Jacinthe d'Orient.
Julienne simple blanc pur.
Ketmie des marais.
rose.
Kitaibélie à feuille de Vigne.
Lin vivace bleu *et var*. à fleur blanche.
Lobélia syphilitique, *et variétés*.
écarlate (cardinalis).
— Queen Victoria.
Lunaire vivace.
Lupin polyphylle, *les variétés*.
Lychnide éclatante.
de Haage.
croix de Jérusalem, *les variétés*.
de Presl multiflore.
Matricaire mandiane.
double.
Mauve musquée blanche.
Molène de Phénicie *ou* pourpre.
Monarde fistuleuse.
Morine à longue feuille.
Muflier, *les variétés*.
Myosotis scorpionne des marais.
Œillet double (D. caryophyllus), *les var*.
superbe (D. superbus).
nain.
Mignardise d'Écosse.

Œillet deltoïde (D. deltoides).
dentelé (D. dentosus).
Oreille d'ours. *Voy.* Primevère Auricule.
Orobe printanier.
noir.
Oxalis floribunda, *et variété.*
Panicaut des Alpes.
améthyste.
Pâquerette des jardins.
Pavot à bractées.
d'Orient *ou* de Tournefort.
cambrique.
safrané.
Pennisetum villosum *vel* longistylum.
Pentstemon campanulé, *et variétés.*
pubescent.
gentil et élégant (pulchella *vel* elegans), *les variétés.*
et plusieurs autres espèces et var.
Phygelius du Cap.
Phalangère rameuse.
Phlomis tubéreux.
Phlox vivace varié.
Phytolacca Raisin d'Amérique.
Pied-d'alouette (Delphinium) vivace *ou* élevé.
— à grande fleur, *et variétés.*
— hybride.
— brillant (D. formosum).
Podalyre (Baptisia) de la Caroline.
Pois vivace. *Voy.* Gesse.
Polémoine. Valériane Grecque bleue.
— — blanche.
Potentille du Népaul.
hybride, *et var.* à fleur double.
dorée.
Primevère des jardins (P. elatior).
à grande fleur (P. acaulis).
Auricule (Oreille d'ours).
à feuille de Cortuse.
Pyrèthre rose à fleur double.
Renoncule des fleuristes.
Rhubarbes diverses.
Rose-Trémière, *les variétés.*
Rudbeckia éclatant (fulgida).
de Drummond (Obeliscaria).
Sagine subulée (Spergule pilifère).
Sainfoin d'Espagne rouge.
— blanc.
Salicaire commune.
Saponaire officinale à fleur double.
ocimoïde.
Saxifrage, *plusieurs espèces et variétés.*
Scabieuse du Caucase.
Sedum spurium, *et variétés.*
Silène de Schafta.
Saxifrage.
Spergule pilifère. *Voy.* Sagine subulée.
Stachys lanata.
Statice Armeria (Gazon d'Olympe).
faux-Armeria.
eximia.
Limonium.
Tatarica.
et plusieurs autres.
Stenactis speciosa (Erigeron speciosum).
à feuille de Pâquerette.
Stevia purpurea.
serrata.
Stipa plumeux.
Teucrium chamædrys.
Thlaspi vivace *ou* toujours vert.
Tigridia pavonia.
Tournefortia heliotropiodes.
Trachélie bleue.
Tritoma Uvaria.
Trollius Europæus.
Valériane des jardins, *les variétés.*
Vernonia eminens et autres.
Véronique gentille (Veronica pulchella).
de Virginie.
élevée (V. grandis).
Violette odorante des quatre saisons.
Zauschneria Californica.

PLANTES A FEUILLES ORNEMENTALES

SE REPRODUISANT PAR LE SEMIS.

Acanthe à feuilles molles *ou* sans épines.
  épineuse.
  à large feuille, de Portugal.
Amarante bicolore.
  tricolore.
  mélancolique à feuille très-rouge.
Ansérine Arroche.
  belvédère.
Arroche très-rouge.
Balisier. Canne d'Inde, *et variétés.*
Basilic, *les espèces et variétés.*
Berce de Sibérie.
  à grande feuille.
  des Alpes.
Bocconia à feuille en cœur.
Centaurea Babylonica.
  gymnocarpa.
  Ragusina.
Chardon-Marie.
Chou frisé vert grand.
  — vert pied court.
  — rouge grand.
  — — pied court.
  — prolifère panaché *ou* à aigrette.
  — panaché rouge.
  — — blanc.
  — de Naples.
  lacinié panaché rouge.
  palmier.
Cinéraire maritime.
Cucurbita perennis.
Erianthus Ravennæ.
Euphorbe panachée.
Férule commune.
  de Naples.
  de Tanger.
Ficoïde glaciale.
Gynerium argenteum.
Larme de Job.
Livèche de Péloponèse.
Mauve frisée.
Morelle à feuille laciniée.
  gigantesque.
  à feuille de Vélar.
  à feuille de Pastèque.
  à feuille marginée.
  noir pourpre.
  robuste.
Panicaut des Alpes.
  améthyste.
Perilla de Nankin.
Nicotiana. *Voy.* Tabac.
Persicaire du Levant.
Phalaris roseau.
Phytolacca. Raisin d'Amérique.
Poirée à carde rouge *ou* du Brésil.
  — jaune *ou* du Brésil.
Rhubarbe (Rheum), *les diverses espèces et variétés.*
Ricin grand.
  sanguin.
  et les autres variétés.
Sauge Hormin rouge et violette.
  Sclarée.
  argentée.
Sensitive.
Solanum. *Voy.* Morelle.
Sorgho sucré.
Stachys lanata.
Tabac de la Havane.
  de Maryland.
  de Virginie.
  géant à grande fleur pourpre.
  glauque.
  et plusieurs autres.
Varaire blanc.
  noir.

PLANTES PITTORESQUES POUR PELOUSES OU POUR GRANDS MASSIFS

SE REPRODUISANT PAR LE SEMIS.

Acanthe à feuilles molles *ou* sans épine.
épineuse.
à large feuille *ou* de Portugal.
Achillée à feuille de Filipendule.
Amarante mélancolique très-rouge.
gigantesque.
queue de renard.
— — jaune.
bicolore.
tricolore.
Ansérine Arroche.
belvédère.
Argémone à grande fleur blanche.
Arroche très-rouge.
Asclépiade à la ouate.
Balisier. Canne d'Inde, *et variétés.*
Balsamine. *Voy.* Impatiens.
Berces diverses.
Bocconia cordata.
Buglosse d'Italie.
Campanule pyramidale, *et variétés.*
Canna. *Voy.* Balisier.
Centaurée. Bleuet *ou* Barbeau varié.
Ambrette, *et variétés.*
macrocéphale.
d'Orient.
d'Amérique.
Rhapontic.
de Babylone.
Chardon-Marie.
Chrysanthème des jardins.
vivace d'automne.
Choux d'ornement divers.
Cinéraire maritime.
Cléome divers.
Cosmos bipinné à grande fleur pourpre.
Cucurbita perennis.
Dahlia double varié.
coccinė.
Datura meteloides.
Metel.
Digitale pourpre, *et variétés.*
gloxinioide, *et variétés.*
ferrugineuse.
Dracocéphale de Virginie.
Echinops divers.
Enothère odorante.
bisannuelle.
de Lamarck.
Erianthus Ravennæ.
Férule commune.
de Naples.
de Tanger.
Galéga officinal.
— blanc.
d'Orient.
Gypsophila paniculata.
Gynerium argenteum.
Humea elegans.
Immortelle à bractées.
— à fleur blanche.
— à grandes fleurs.
— du roi de Prusse.
Impatiens glanduligère.
Ketmie des marais.
rose.
Kitaibelia vitifolia.
Larmes de Job.
Lavatère Olbia.
Thuringiaca.
arborea.
Lupin changeant.
— de Cruikshank.
— — hybride.
polyphylle, *et ses variétés.*
Maïs panaché.
Mauve frisée.
de l'Ile de France *ou* d'Alger.

Morelle à feuille laciniée.
gigantesque.
noir pourpre.
à feuille marginée.
robuste.
à feuille de Pastèque.
à feuille de Vélar.
et plusieurs autres.
Nicandra du Pérou.
Nicotiana. *Voy.* Tabac.
Œillet d'Inde rayé.
Onopordon divers.
Panicum virgatum.
altissimum.
Pavot de Tournefort *ou* d'Orient.
à bractées.
double des jardins, *les variétés.*
Pennisetum longistylum.
Perilla Nankinensis.
Persicaire du Levant rouge.
— blanche.
— naine.
Phlox vivace varié.
Phytolacca. Raisin d'Amérique.
Podalyre de la Caroline.
Poirée à carde rouge.
— jaune.
Pois vivace *ou* à bouquets, *et variétés.*
Pied-d'alouette des blés à fleur double.
grand à fleur double.
vivace *ou* élevé.
— hybride.
taché de blanc (D. pictum).
brillant (D. formosum).
Reine-Marguerite chinoise, *les variétés.*
Rhapontic. *Voy.* Centaurée.
Rhubarbes (Rheum) diverses.
Ricin grand.
sanguin.
et autres variétés.
Rose d'Inde, *les variétés.*
Rose-Trémière, Passe-rose, *les variétés.*
de la Chine, *et variétés.*
Rudbeckia amplexicaulis.
Sainfoin d'Espagne.
Salicaire commune.
Salvia (Sauge) argentea.
Sclarea.
coccinea, *et variétés.*
Solanum. *Voy.* Morelle.
Soleil *ou* Tournesol double.
double de Californie.
du Texas et var. double.
et plusieurs autres.
Sorgho sucré.
Statice eximia.
Limonium.
Tabac de Virginie.
de la Havane.
du Maryland.
géant à grande fleur pourpre.
glauque.
à longue fleur.
Telekia cordifolia.
Tithonia à fleur de Tagétès.
Tritoma Uvaria.
Varaire blanc.
noir.
Vernonia divers.
Wigandia divers.
Zinnia élégant, *les var. simples et doubles.*

PLANTES DES ALPES

SE REPRODUISANT PAR LE SEMIS.

Les plantes alpines demandent des soins particuliers; leur *habitat* sur les hautes montagnes et dans un air très-vif, leur fait supporter difficilement le climat des villes : les graines e ces plantes germent capricieusement et quelquefois tardivement; on devra de préférence les semer dans des terrines ou des pots, à l'ombre ou à demi-ombre et dans de la terre de bruyère; ces considérations nous ont engagés à en faire un classement particulier.

Quelques plantes des Alpes (ce ne sont point les moins intéressantes) se développent et fleurissent presque sous la neige, comme la *Soldanelle*, l'*Anémone vernalis*, etc.; on a suppléé avec un certain succès à cet abri naturel, par des feuilles mortes, de menus branchages, etc., étendus sur le sol, et qu'on enlève aux mois d'avril et mai, ou bien au moyen de toits en planches, nattes ou paillassons, posés sur des piquets qui les élèvent au-dessus des plantes, et qui laissent l'air circuler librement en dessous et de tous côtés; ces essais devront, néanmoins, être répétés et suivis. Le mieux pour ces plantes des montagnes nous a paru être la culture en pots, tenus en hiver sous châssis froid, très près du verre, avec une aération fréquente et abondante chaque fois que le temps le permet, et placés pendant l'été aux expositions du nord et de l'est, à l'ombre ou à demi-ombre et abrités contre le soleil et les grands courants d'air, au moyen de rideaux, de brise-vent et de murailles. Pour les autres détails, relatifs à la culture de ces plantes, *voy.* le chapitre PLANTES DES ALPES dans l'introduction, en tête de ces Instructions.

Achillée à grande fleur.
musquée.
Aconit à grande fleur.
Anthora.
Actée à épi.
Adonide de printemps.
Alysse épineux.
Ancolie des Alpes.
Androsace carnée.
de Vitalli.
Anémone du printemps.
des Alpes.
— couleur de soufre.
à fleur de Narcisse.
Fraise.
des montagnes.
de Haller.
hépatique, *et variétés.*
Arabette des Alpes.
Aster des Alpes.
Astrance petite.
grande.
Aubrietia divers.
Auricule. *Voy.* Primevère Auricule.
Benoite des montagnes.
rampante.
des ruisseaux.
Berce des Alpes.
Brunelle à grandes fleurs.
Bugrane à feuille ronde.
Campanule barbue.
naine (C. Bocconi), *et variétés.*
en épi.
de Bologne.
en thyrse.
en tête.
fragile.
et plusieurs autres.
Carline acaule.
Centaurée. Barbeau vivace.
plumeuse.
Cortusa Matthioli.
Doronic à feuille de Pâquerette.
Drave faux-Aizoon.
Dryas à huit pétales.
Érine des Alpes.
Fumeterre jaune.
Gentiane à grande fleur.
des Alpes.
Asclépiade.
des champs.
jaune.
ponctuée.
pourpre.
printanière.
utriculeuse.
amarelle.
de Bavière.

Gentiane perce-neige.
Grémil bleu et pourpre.
Impatiens ne-me-touchez-pas.
Linaire des Alpes.
Lunaire vivace.
Lychnis Alpina.
Œillet superbe.
des Alpes.
des collines.
Orobe printanier.
jaune.
Panicaut des Alpes.
Pavot cambrique.
safrané.
Polygala faux-Buis.
Potentille ascendante, *et quelques autres.*
Primevère farineuse.
Auricule.
Ramondia Pyrenaica.
Renoncule à feuille d'Aconit.
glaciale.
à feuille de Parnassie.
Rhapontic scarieux.
Sabline à feuille de Mélèze.
de Mahon.
Sagine subulée (Spargoute pilifère).
Saponaire faux-Basilic.
Saxifrage faux-Aizoon, *et plusieurs autres espèces.*
Scabieuse des Alpes.
Graminée.
Scutellaire des Alpes.
à grandes fleurs.
Sedum, *plusieurs espèces et variétés.*
Silène à courte tige.
Saxifraga.
Soldanelle des Alpes.
Trèfle des Alpes.
brun clair.
Tussilage blanc de neige.
Varaire blanc.
noir.
Violette à long éperon.
du mont Cenis.
à deux fleurs.
et plusieurs autres.

PLANTES ANNUELLES

QU'ON PEUT SEMER EN SEPTEMBRE (1).

Abronia en ombelle.
Acroclinium rose.
Adonide d'été.
Agrostide capillaire *ou* nébuleuse.
Alysse odorant *ou* maritime.
Ammobium ailé.
Anagallis. Mouron à grande fl., *les var.*
Bacria doré.
Brachycome à feuille d'Ibéride, *et var.*
Brize à grande fleur.
grêle.
Browallia elata.
Czerwiakowski.
Buglosse d'Italie.
Calandrinia en ombelle.
Calcéolaire à feuille de Scabieuse.
Campanule miroir de Vénus, *et variétés.*
de Lorey, *et variétés.*
pentagonale, *et variétés.*
à fleur de Pervenche.
Canche élégante (Aira pulchella).
Centaurée Bleuet *ou* Barbeau, *et variétés.*
musquée *ou* Ambrette, *et variétés.*
d'Amérique.
déprimée.
Chœnostoma fastigié.

(1) Voir à ce sujet l'article SEMIS D'AUTOMNE, pages 15 à 18.

Chœnostoma multiflore.
Clarkia pulchella, *les variétés.*
elegans, *les variétés.*
Clintonia pulchella.
Collinsia, *les espèces et variétés.*
Collomia écarlate.
Coquelicot double varié.
Coqueiourde rose du ciel, *et les variétés.*
Coréopsis élégant, *et les variétés.*
cardaminæfolia, *et variétés.*
peint *ou* de Drummond.
couronné.
Corydale glauque.
Cosmidium de Burridge.
Crépis rose.
blanc.
barbu.
Cuphea platycentra.
strigulosa.
Cynoglosse à feuille de Lin.
Dracocéphale des monts-Altaï.
Énothère odorante *ou* à grande fleur.
à feuille de Pissenlit.
de Drummond.
— naine.
de Lamarck.
de Sellow.
Bistorte de Veitch.
Erysimum de Petrowski.
Eschscholtzia de Californie, *et les variétés.*
Eucharidium à grande fleur.
Eupatoire ageratoïde.
à feuilles molles (E. glechonophyllum).
Eutoca de Wrangel.
viscida.
Fenzlia dianthiflora.
Ficoïde tricolore.
— à fleur blanche.
Gaillarde peinte, *et variétés.*
Gamolepis annuel.
Gaura de Lendheimer.
Gesse odorante. *Voy.* Pois de senteur.
Gilia à fleurs en tête.
— à fleur blanche.

Godetia rubicond *ou* Énothère pourpre.
— var. splendens.
de Schamin.
de Lindley.
de Romanzow.
Grammanthes gentianoides.
Gutierrezia gymnospermoides.
Gypsophila élégant.
viscosa.
des murailles.
Hordeum. *Voy.* Orge.
Hugélie bleue.
Immortelle annuelle, *les variétés.*
à bractées, *et les variétés.*
à grande fleur.
Impatiens ne-me-touchez-pas.
à trois cornes.
Ionopsidium acaule.
— blanc.
Ipomopsis élégant, *et les variétés.*
Julienne de Mahon.
— à fleur blanche.
à fleur bicolore. Malcolmia bicolor.
Kaulfussia amelloides, *et variétés.*
Leptosiphon, *les espèces et variétés.*
Leucopsidium Arkansanum.
Texanum.
Limnanthes de Douglas à grande fleur.
Lin à grande fleur rouge.
Loasa orange, *et variété.*
Lobelia Erinus, *les variétés.*
gracilis, *et variétés.*
ramosa, *et variétés.*
Lophospermum grimpant, *et variété.*
Machæranthera tanacetifolia.
Mâcre. Châtaigne d'eau.
Matricaire double.
mandiane.
eximia.
Mauve musquée, *et variété.*
d'Alger.
Mimulus, *les diverses espèces et variétés.*
Monolopia Californica.
Muflier, *les variétés.*

Myosotis. Scorpione des marais.
des Alpes.
— à fleur blanche.
Nemesia compacta elegans.
Nemophila, *les espèces et variétés.*
Nicrembergia grêle.
frutescens.
Nycterinia *divers.*
Œillet de la Chine, *les variétés.*
Brown's mule Pink.
de Gardner.
dentelé, *et variétés.*
Orge à épi en crinière (Hordeum jubatum).
Oxalis rose.
corniculé à feuilles pourpres.
Oxyura chrysanthemoides.
Pâquerette double.
Pavot double, *les variétés.*
cambrique.
safrané (P. croceum).
Pensée à grande fleur *ou* anglaise, *et les variétés.*
Phlox de Drummond, *les variétés.*
vivace hybride varié.
Pied-d'alouette grand, *les variétés.*
nain, *les variétés.*
des blés, *les variétés.*
à pétales en cœur.
vivace à grande fleur, *et variétés.*
— peint (D. pictum).
— hybride varié.
— brillant *ou* indigo (D. formosum).
Podolepis auriculé.
Pois de senteur, *les variétés.*
Pyrèthre à fleur rose double.
Rose-Trémière de la Chine, *et variétés.*
Rudbeckia amplexicaulis.
de Drummond (Obeliscaria).
Sagine subulée (Spergule pilifère).
Saponaire de Calabre, *et variété.*
Scabieuse des jardins, *les variétés.*
Schizanthe pinnatus, *et variétés.*
Grahami, *et variétés.*
Schizanthe retusus, *et variétés.*
Schyzopetalum Walkeri.
Schortia Californica.
Scyphanthus élégant.
Sedum azuré.
Seneçon élégant double, *les variétés.*
Silène à bouquet, *les variétés.*
pendula, *et variétés.*
rose (S. bipartita).
regia.
Souci double des jardins.
à la reine *ou* de Trianon.
Spergule pilifère. *Voy.* Sagine subulée.
Sphenogyne speciosa.
Statice Bonduelli.
Stenactis à feuille de Pâquerette.
Tagetes lucida.
Thlaspi blanc.
— Julienne.
lilas *et var.* carnée.
violet foncé, *et var.* naine.
odorant.
de Lagasca.
Tournefortia heliotropioides.
Trèfle orange.
Valériane d'Alger.
macrosiphon, *et les variétés.*
des jardins, *les variétés.*
Venidium calendulaceum.
Véronique de Syrie *et var.* blanche.
(Verbena) hybride variée.
teucrioide.
à feuilles incisées.
pulchella.
à feuille rugueuse.
Verveine pulcherrima.
de Miquelon.
de Drummond.
Violette des quatre saisons.
Viscaria oculata, *et les variétés.*
Vittadinia à trois lobes.
Whitlavia à grande fleur.

LISTE CHOISIE DE GRAINES DE FLEURS

Pour faciliter le choix des graines de fleurs parmi le grand nombre d'espèces qui composent nos collections, nous avons cru devoir établir une liste d'assortiments divers, combinés pour satisfaire à l'emploi plus ou moins important qu'exige l'ornementation d'un jardin. Nous avons procédé en choisissant pour un premier assortiment de 25 espèces (A), les plantes les plus indispensables (d'après notre appréciation particulière); nous avons fait suivre cette première liste d'un 2e choix (B), comprenant les plantes qui se classent par leur importance, leur beauté et la facilité de leur culture, immédiatement après les 25 premières ou parallèlement avec celles-ci ; puis enfin d'autres choix (C, D, E, F, G, H) par séries de 25 espèces ou variétés, en procédant toujours dans le même sens, de façon que les plantes se trouvent présentées dans une gradation réglée d'après leur beauté relative et aussi d'après la difficulté que leur culture présente. Cependant, nous n'avons prétendu rien faire d'absolu en ce sens : si les premières séries A, B, C ont une signification plus prononcée par le choix qu'elles présentent, la différence paraîtra généralement beaucoup moins sensible pour les séries intermédiaires D, E, F; mais les dernières séries G, H s'éloignent sensiblement des premières, se composant plus particulièrement de plantes d'amateurs d'une culture quelquefois difficile.

Ces huit séries, qui comprennent à peu près les fleurs qui nous ont paru les plus essentielles, ne sont que fictives, et chacun pourra, selon son goût ou ses tendances, choisir parmi les 200 espèces qui les composent, prendre dans l'une ou l'autre et se combiner ainsi un choix selon ses goûts particuliers. On pourra également consulter les divers choix qui précèdent, pages 96 à 119, ainsi que la liste générale, pages 27 à 95, et aussi le *Supplément à nos Catalogues* que nous publions chaque printemps; enfin, on trouvera dans notre ouvrage « LES FLEURS DE PLEINE TERRE » beaucoup d'autres renseignements indispensables à toutes les personnes qui s'occupent de fleurs.

Série A.

Balsamine Camellia variée.
Belle-de-jour.
Belle-de-nuit variée.
Centaurée Ambrette violette.
Collinsia bicolore.
Coquelicot double varié.
Coréopsis élégant.
Eschscholtzia Californica.
Giroflée quarantaine variée.
Julienne de Mahon rose.
Lupin de Cruikshank.
Malope à grande fleur.
Nemophila insignis.
Œillet de la Chine double varié.
Pavot double varié.
Pensée à grande fleur, 1er *choix*.
Petunia hybride varié.
Phlox Drummondii varié.
Pied-d'alouette nain varié.
Reine-Marguerite pyramidale variée.
Rose d'Inde naine hâtive.
Silene pendula rose.
Thlaspi blanc julienne.
Volubilis varié.
Zinnia élégant cocciné.

Série B.

Ageratum du Mexique.

Amarante crête variée.
Barbeau *ou* Bleuet varié.
Buglosse d'Italie.
Campanule à grosse fleur violette double.
Capucine grande brune.
Chrysanthème à carène.
Clarkia pulchella.
Crépis rose.
Erysimum Petrowskianum.
Godetia rubicunda.
Immortelle annuelle violette.
Ketmie d'Afrique.
Lin vivace bleu.
Matricaire mandiane.
Mauve d'Alger.
Muflier varié.
Œillet d'Inde nain.
de poëte varié.
Pied-d'alouette des blés varié.
Pois de senteur varié.
Pourpier à grande fleur varié.
Réséda à grande fleur.
Tagetes signata pumila.
Viscaria oculata rose.

Série C.

Alysse odorant.
Amarantoïde violette.
Anthémis d'Arabie.
Barbeau jaune.
Centranthus macrosiphon.
Collomia écarlate.
Coreopsis picta *vel* Drummondii.
Cynoglosse à feuille de Lin.
Datura ceratocaula.
Énothère blanche.
Giroflée jaune violette.
Lavatère rose.
Lin à grande fleur rouge.
Lupin polyphylle.
Mimulus speciosus.
Myosotis Alpestris bleu.
Pavot à bractées.
Rose-Trémière variée.
Salpiglossis hybride varié.
Saponaire de Calabre rose.
Scabieuse des jardins variée.
Seneçon double violet foncé.
Souci double des jardins.
Stenactis speciosa.
Thlaspi violet foncé.

Série D.

Ancolie des jardins variée.
Balisier, Canne d'Inde, varié.
Belle-de-jour panachée.
Brachycome iberidifolia.
Campanula Carpatica bleue.
Capucine des Canaries.
Centaurea depressa.
Clarkia élégant double rose.
Dolique d'Égypte violet.
Eucharidium grandiflorum.
Gaillardia picta.
Gaura Lindheimeri.
Girollée grosse espèce variée.
Gypsophila élégant.
Iberis odorata (Thlaspi odorant).
Immortelle à grande fleur.
Lobelia ramosa.
Nemophila maculata.
Œillet de Gardner.
Pentstemon gentianoides coccineum.
Pied-d'alouette vivace hybride.
Reine-Marguerite Pivoine variée.
Schizanthus pinnatus.
Soleil nain double.
Verbena venosa.

Série E.

Amarantoïde orange.
Anémone des fleuristes.
Argémone à grande fleur.
Asclepias tuberosa.
Baguenaudier d'Éthiopie à grande fleur.
Briza maxima
Calandrinia élégant.
Cobée grimpante.

Collinsia multicolore.
Comméline tubéreuse.
Coquelourde rose du ciel naine.
Coréopsis élégant pourpre.
Cupidone bleue.
Datura fastuosa violet.
Enothère de Drummond.
Giroflée quarantaine cocardeau rouge.
Leptosiphon jaune d'or.
Linaire pourpre.
Matricaria eximia.
Œillet dentelé (D. dentosus *vel* dentatus).
Phlox de Drummond écarlate.
Schizanthus Grahami rose vif.
Schortia Californica.
Zinnia élégant double varié.

Série F.

Abronia umbellata.
Agrostis *ou* Canche élégante (Aira pulchella).
Amarante tricolore.
Anagallis Philipsii.
Balisier, Canna Warscewiczii.
Calandrinia umbellata.
Callirhoea pedata.
Chœnostoma fastigiatum.
Coréopsis élégant très-nain.
Cosmidium Burridgeanum.
Cosmos à grande fleur pourpre.
Galane barbue écarlate.
Gypsophila muralis.
Ipomée Quamoclit rouge.
Ipomopsis élégant superbe.
Kaulfussia amelloides.
Leptosiphon androsace.
Loasa lateritia.
Lobelia Erinus.
Lupinus Hartwegii.
Maurandia Barclayana.
Mimulus cupreus hybridus.
Nycterinia selaginoides.
Reine-Marguerite Chrysanthème naine variée.
Seneçon des Indes nain double bleu.

Série G.

Baeria chrysostoma.
Centranthus macrosiphon nain.
Datura meteloides.
Enothère, Œ. taraxacifolia.
Ficoïde tricolore.
Giroflée quarantaine cocardeau violet.
Isotoma Petrœa.
Leptosiphon densiflorus.
Lobelia gracilis erecta.
Lophospermum scandens.
Lupin superbe de Dunnett *ou* hybridus insignis.
Mimulus arlequin fond blanc.
Morina longifolia.
Nolana atriplicifolia.
Reine-Marguerite couronnée rouge.
Rhodanthe Manglesii.
Rudbeckia amplexicaulis.
Salvia coccinea punicea nana.
Scyphanthus élégant.
Silene Schafta.
Souci hybride.
Stevia serrata.
Tagetes lucida.
Thunbergia alata blanc.
Venidium calendulaceum.

Série H.

Acroclinium roseum.
Aubergine à fruit écarlate.
Chrysanthème tricolore de Burridge.
Capucine Tom-Pouce jaune.
Clintonia pulchella.
Coquelourde rose du ciel pourpre.
Eschscholtzia tenuifolia.
Godetia Schaminii.
Lobelia Erinus marbré (L. Paxtoniana).
Lupin nain.
Machæranthera tanacetifolia.
Mimulus cardinalis.
Momordica Charantia.
Œillet de la Chine très-nain blanc panaché.

Oxalis rosea.
Pensée à grande fleur panachée.
Pentstemon Hartwegii cæruleum.
Perilla Nankinensis.
Phlox Drummondii Prince Léopold.
Pied-d'alouette, Delphinium cardiopetalum.
Salvia Rœmeriana.
Silène d'Orient.
Stenactis bellidifolia.
Stevia purpurea.
Whitlavia grandiflora.

Pour les autres jolies plantes d'ornement non comprises dans ces choix, consulter les listes précédentes, pages 96 à 119, et le paragraphe qui se trouve en tête de la série A, page 120.

VOCABULAIRE DE QUELQUES SYNONYMES

SYNONYMES ANGLAIS.

African Lily. — Agapanthe.
African Marigold. — Rose d'Inde.
Alyssum sweet. — Alysse odorant.
Amaranth Glob. — Amarantoïde.
American Cowslip. — Gyroselle.
Aster China. — Reine-Marguerite.
Australian Daisy. — Villadinia.
Avens. — Benoite.
Bachelor's button. — Amarantoïde et Centaurée Bleuet.
Balloon Vine. — Cardiosperme.
Balsam. — Balsamine.
Basil sweet. — Basilic.
Belvidere. — Ansérine belvédère.
Bean. — Haricot et Dolique.
Bear's breech. — Acanthus mollis.
Bee Larkspur. — Pied-d'alouette vivace élevé.
Bell-flower. — Campanule.
Bent-grass. — Agrostis.
Blue-bottle. — Centaurée barbeau.
Brompton Stock. — Giroflée grosse espèce.
Canary-bird-flower. — Capucine des Canaries.
Candytuft. — Thlaspi.
Canterbury bell-flower. — Campanule à grosse fleur.
Cape Marigold. — Souci pluvial.
Cardinal-flower. — Lobelia cardinalis.
Carnation. — Œillet double.
Carnation rose-leaved. — Œillet flamand.
Carnation Poppy. — Pavot double.
Castor oil plant. — Ricin.
Castor oil Bean. — Ricin.
Catchfly. — Silène.
Catchfly Lobel's. — Silène à bouquet.
Caterpillar. — Chenille.
China Aster. — Reine-Marguerite.
Chinese Primrose. — Primevère de la Chine.
Clary. — Sauge Sclarée et Sauge Hormin.
Cock's comb. — Amarante crète-de-coq.
Columbine. — Ancolie des jardins.
Convolvulus major. — Ipomée volubilis.
Convolvulus minor. — Belle-de-jour.
Cowslip. — Primevère à grande fleur.
Cress Indian — Capucine.
Cyanus minor. — Centaurée barbeau varié.
Daisy. — Pâquerette.
Dame's violet. — Julienne des jardins.

Devil in a bush. — Nigelle de Damas.
Dwarf Convolvulus — Belle-de-Jour.
Egg plant. — Aubergine.
Evening Primrose. — Enothère.
Everlasting flower. — Immortelle.
Eternal flower. — Immortelle.
Everlasting Pea. — Pois vivace.
Fancy. — Œillet de fantaisie.
Feather grass. — Stipa pennata.
Fennel flower. — Nigelle.
Feverfew. — Matricaire double, *et autres*.
Flake. — Œillet flamand.
Flax. — Lin.
Flos Adonis. — Adonide.
Forget me not. — Myosotis.
Fox glove. — Digitale.
French Honeysuckle. — Sainfoin d'Espagne.
French Marigold. — Œillet d'Inde.
French Poppy. — Coquelicot double.
Garden Marigold. — Souci double.
Garden Pink. — Œillet Mignardise.
German Aster. — Reine-Marguerite Anémone.
German Stock. — Giroflée quarantaine.
Gilliflower. — Giroflée.
Globe Amaranth. — Amarantoïde.
Globe Thistle. — Echinops.
Goat's Rue. — Galéga officinal.
Good night. — Ipomea bona-nox.
Gourd. — Courge cougourde (Gourde).
Groundsel. — Seneçon double.
Hare's tail grass. — Lagurus ovatus.
Hawkweed. — Crépis.
Heart seed. — Cardiosperme.
Heart's ease. — Pensée.
Hercule's club. — Gourde massue d'Hercule.
Holly-hock. — Rose-Trémière.
Honesty. — Lunaire.
Honeysuckle french. — Sainfoin d'Espagne.
Hyacinth Bean. — Dolique Lablab.
Ice plant. — Ficoïde glaciale.
Immortal flowers. — Immortelle.
Indian Cress. — Capucine.
Indian Pink. — Œillet de la Chine.
Indian Shoot. — Balisier, Canne d'Inde.
Italian Alkanet. — Buglosse d'Italie.
Jacob's Ladder. — Polémoine, Valériane grecque.
Jacobæa. — Seneçon double.
Job's tears. — Larmes de Job.
Japan Lily. — Lilium lancifolium.
Joseph's coat. — Amarante tricolore.
Jove's flower. — Lychnide fleur de Jupiter.
Ladies' slipper. — Calcéolaire.
Larkspur dwarf rocket. — Pied-d'alouette nain.
Larkspur tall rocket. — Pied-d'alouette grand.
Larkspur branching. — Pied-d'alouette des blés.
Lily of the Valley. — Muguet de mai.
Love grass. — Agrostis élégant (Aira pulchella).
Love grass. — Agrostis capillaris.
Love in a mist. — Nigelle.
Lovelies bleeding. — Amarante queue de renard.
Mallow. — Mauve.
Marigold Cape. — Souci pluvial.
Marigold Pot. — Souci double.
Marigold African. — Rose d'Inde.
Marigold French. — Œillet d'Inde.
Marvel of Peru. — Belle-de-nuit.
Mignonette. — Réséda.
Monk's-hood. — Aconit Napel.
Monkey flower. — Mimulus cardinalis.
Morning Glory. — Ipomée volubilis.
Mountain Fringe. — Adlumia.
Mourning bride. — Scabieuse des jardins.
Mullein. — Molène.
Musk plant. — Mimulus musqué.
Musk Pink. — Œillet Mignardise.
Nasturtium. — Capucine.
Nightshade. — Morelle.
Orach. — Arroche.
Pampas grass. — Gynerium argenteum.
Pansy. — Pensée.
Parsnip tree. — Berce.
Pasque flower. — Anémone pulsatille.
Pea. — Pois.

Periwinkle. — Pervenche.
Pheasant's eye. — Adonis.
Pheasant's eye Pink. — Œillet Mignardise.
Picotee. — Œillet de fantaisie.
Pink. — Œillet.
Pleurisy root. — Asclepias tuberosa.
Polyanthus. — Primevère des jardins et Narcisse à bouquet.
Poppy. — Pavot double.
Pot Marigold. — Souci double.
Primrose. — Primevère.
Prince's feather. — Amarante gigantesque et mélancolique.
Purslane. — Pourpier.
Quaking-grass. — Brize.
Queen Stock. — Giroflée grosse espèce.
Ranunculus Poppy. — Coquelicot double.
Rocket. — Julienne des jardins.
Rose African. — Coquelicot.
Rose Campion. — Coquelourde des jardins.
Rose of Heaven. — Coquelourde rose du ciel.
Runner-Bean scarlet. — Haricot d'Espagne rouge.
Safflower. — Carthame des teinturiers.
Salomon's seal. — Muguet sceau de Salomon.
Sand-worth. — Sabline.
Satin flower. — Lunaire.
Scabious. — Scabieuse.
Scarlet-Runner Bean. — Haricot d'Espagne.
Scarlet Avens. — Benoite écarlate.
Scarlet painted Lady. — Haricot d'Espagne bicolor.
Sea Lavender. — Statice.
Shot Indian. — Balisier.
Snake Cucumber. — Concombre serpent;
Snap-dragon. — Linaire et Muflier.
Soap-wort. — Saponaire.
Speedwell. — Véronique.
Squash — Coloquinte et Courge.
Squirrel tail grass. — Orge à épi en crinière.
Star flower. — Aster.
Star Ipomea. — Ipomée écarlate.
Star of Bethlehem. — Ornithogale.
Stock. — Giroflée.
Stone crop — Sedum.
Strawberry Spinage. — Blette Fraise.
Summer Cypress. — Ansérine Belvédère.
Sun flower. — Soleil.
Sun Rose. — Hélianthème, Ciste.
Swallow-wort. — Asclepias.
Sweet Alysson. — Alysse odorant.
Sweet Pea. — Pois de senteur.
Sweet Scabious. — Scabieuse des jardins.
Sweet Sultan. — Centaurée musquée et Barbeau jaune.
Sweet William. — Œillet de poëte.
Tassel flower. — Cacalie écarlate.
Ten weeks Stock. — Giroflée quarantaine.
Thistle. — Chardon et Cirse.
Thorn Apple. — Datura.
Throat wort. — Trachelium.
Trefoil. — Trèfle.
Trumpet flower. — Datura.
Venus looking glass. — Campanule miroir de Vénus.
Venus navel-wort. — Cynoglosse à flle de Lin.
Virginian Poke. — Phytolacca decandra.
Virginian Stock. — Julienne de Mahon.
Wall cress. — Arabette.
Wallflower. — Giroflée jaune.
Water-Lily. — Nénuphar.
Winter Cherry. — Coqueret officinal, Alkékenge.
Worms. — Vers.

SYNONYMES ALLEMANDS.

Akeley. — Ancolie.
Augenrade. — Viscaria.
Bärenklau. — Acanthe.
Bartfaden. — Pentstemon.
Bartnelke. — Œillet de poëte.
Becherblume. — Scyphanthus.
Blumenrohr. — Balisier.
Christophskraut. — Actée.

Christusauge. — Crépide barbue.
Diptam. — Fraxinelle.
Drachenkopf. — Dracocéphale.
Ehrenpreis. — Véronique.
Eibisch. — Ketmie.
Eierpflanze. — Aubergine.
Eisenhut. — Aconit.
Eisenkraut. — Verveine.
Eiskraut. — Ficoïde glaciale.
Enzian. — Gentiane.
Erdbeerspinat. — Blette.
Feder-Aster. — Reine-Marguerite Anémone.
Federgrass. — Stipe plumeuse.
Federnelke. — Œillet Mignardise.
Fingerhut. — Digitale.
Fingerkraut. — Potentille.
Flachs. — Lin.
Flammenblume. — Phlox.
Flockenblume. — Centaurée.
Fuchsschwanz. — Amarante queue-de-renard.
Gänseblümchen. — Pâquerette.
Gänsekraut. — Arabette.
Garbe. — Achillée.
Geisraute. — Galéga.
Gemsenhorn. — Martynia.
Georgine. — Dahlia.
Glockenblume. — Campanule.
Goldlack. — Giroflée jaune.
Goldschwanz. — Lamarckie.
Goldwucherblume. — Chrysanthème.
Gypskraut. — Gypsophila.
Habichtskraut. — Epervière.
Hahnenkamm. — Amarante crête-de-coq.
Hahnenkopf. — Sainfoin.
Halbblume. — Alonzoa.
Halskraut. — Trachélie.
Hauhechel. — Bugrane.
Himmelsröschen. — Coquelourde rose du ciel.
Igel-Aster. — Reine-Marguerite à aiguilles *ou* à dards.
Jacobäe. — Seneçon.
Jalape. — Belle-de-nuit.
Jupitersblume. — Coquelourde fleur de Jupiter.
Kaiserkrone. — Fritillaire couronne impériale.
Kibitzei. — Fritillaire Méléagre.
Klee. — Trèfle.
Kohl. — Chou.
Königskerse. — Verbascum.
Kornblume. — Centaurée, Bleuet des jardins.
Kranz-Aster. — Reine-Marguerite couronnée.
Kresse, Indische *oder* Capuziner. — Capucine.
Kreuzkraut. — Seneçon.
Kronen-Aster. — Reine-Marguerite couronnée.
Kugel-Amaranth. — Amarantoïde.
Kugel-Aster. — Reine-Marguerite pyramidale bombée.
Kugel-Distel. — Echinope.
Kürbis. — Courge.
Levkoye. — Giroflée.
Löwenmaul. — Muflier.
Maiblümchen. — Muguet.
Malve. — Mauve.
Mariendistel. — Chardon-Marie.
Meerlevkoye. — Julienne de Mahon.
Melde. — Arroche.
Mohn. — Pavot.
Mondviole. — Lunaire.
Nachtkerze. — Enothère.
Nachtschatten. — Morelle.
Nachtviole. — Julienne des jardins.
Nadel-Aster. — Reine-Marguerite à aiguilles *ou* à dards.
Nelke. — Œillet.
Nelkenwurz. — Benoite.
Ochsenzunge. — Buglosse.
Pantoffelblume. — Calcéolaire.
Päonien-Aster. — Reine-Marguerite Pivoine.
Pappelrose. — Rose-Trémière.
Pechnelke. — Viscaria à œil pourpre.
Platterbse. — Gesse.
Portulake. — Pourpier.
Prachtkerze. — Gaura.
Pyramiden-Aster. — Reine-Marguerite pyramidale.

Ranunkel. — Renoncule.
Ranunkel-Mohn. — Coquelicot.
Rasselblume. — Cupidone.
Rhabarber. — Rhubarbe.
Riesen-Kaiser-Aster. — Reine-Marguerite empereur géante.
Ringel-Aster. — Reine-Marguerite couronnée.
Ringelblume. — Souci.
Rittersporn. — Pied-d'alouette.
Röhr-Aster. — Reine-Marguerite Anémone.
Saflor. — Carthame.
Salbey. — Sauge.
Sammetblume. — Tagète.
Sauerklee. — Oxalis.
Schleifenblume. — Iberis.
Schœngesicht. — Coréopsis.
Schotenklee. — Lotier.
Schwarzkümmel. — Nigelle.
Schweizerhose. — Belle-de-nuit.
Schwertlilie. — Iris.
Seidenpflanze. — Asclepias.
Seifenkraut. — Saponaire.
Sommer Levkoye. — Giroflée quarantaine.
Sonnenblume. — Soleil.
Spaltblatt. — Schizopetalum.
Sperrkraut. — Polémoine.
Spornblume. — Centranthus.
Stachelmohn. — Argémone.
Stechapfel. — Datura.
Steinkraut. — Alysse.
Stiefmütterchen. — Pensée.
Stockmalve. — Rose-Trémière.
Stockrose. — Rose-Trémière.
Strahlen-Aster. — Reine-Marguerite à aiguilles *ou* à dards.
Strohblume. — Immortelle.
Sturmhut. — Aconit.
Tagkerze. — Gaura.
Tausendschön. — Pâquerette.
Thränengrass. — Larmes de Job.
Trichterwinde. — Ipomœa.
Veilchen. — Violette.
Venusspiegel. — Campanule miroir de Vénus.
Vergissmeinnicht. — Myosotis.
Walderbse. — Orobe.
Wicke wohlriechende. — Pois de senteur.
Winde dreifarbige. — Belle-de-jour.
Winde. — Volubilis.
Winter-Levkoye. — Giroflée grosse espèce.
Wolfsbohne. — Lupin.
Wunderbaum. — Ricin.
Wunderblume. — Belle-de-nuit.
Zaserblume. — Mesembrianthemum.
Zittergras. — Brize.
Zwerg-Aster. — Reine-Marguerite naine.

SYNONYMES ITALIENS.

Adoni. — Reine-Marguerite.
Amareggiola. — Matricaire.
Amor nascosto. — Ancolie.
Amorini. — Réséda.
Anemolo. — Anémone.
Appiolina. — Anthémis.
Arzinnia. — Zinnia.
Astuzie. — Capucine.
Bambagella. — Chrysanthème.
Battisegola. — Centaurée Bleuet des jardins.
Begliomini. — Balsamine.
Bocca di leone. — Muflier.
Calcatrippa. — Pied-d'alouette.
Calze abraca. — Ancolie.
Campanella. — Campanule.
Campanelle. — Ipomée et Belle-de-jour.
Cannacoro. — Balisier.
Capo di bue. — Muflier.
Capraggine. — Galéga.
Carcioferracio. — Acanthe à feuilles molles.

Cardamindo. — Capucine.
Centonchio. — Myosotis.
Ciuffetti. — Centaurée musquée.
Codine rosse. — Persicaire.
Corallini. — Persicaire.
Discipline. — Amarante queue-de-renard.
Discipline. — Persicaire d'Orient.
Erba cristallina. — Ficoïde glaciale.
Erba diacciola. — Ficoïde glaciale.
Erba veturina. — Mélilot bleu.
Faginolo d'India. — Ricin.
Fior cappuccio. — Pied-d'alouette.
Fior d'Aliso. — Centaurée Bleuet des jardins.
Fior di cardinale. — Lobelia cardinalis.
Fior di Santo Stefano. — Centaurée Bleuet.
Fior d'ogni mese. — Souci.
Fior rancio. — Souci.
Fior velluto. — Amarante crête-de-coq.
Fiore da morte. — Rose d'Inde et Œillet d'Inde.
Fiore indiano. — Rose d'Inde.
Fiori Otellini. — Zinnia.
Frattini. — Capucine.
Garofano. — Œillet.
Garofolo. — Œillet.
Gelsomino di notte. — Belle-de-nuit.
Georgina. — Dahlia.
Girasole. — Soleil.
Lavanese. — Galéga.
Limonella. — Fraxinelle.
Lino. — Lin.
Lino delle fate. — Stipe plumeuse.
Lupinello. — Sainfoin d'Espagne.
Margheritina. — Pâquerette.
Meraviglie. — Amarante tricolore.
Mimolo. — Mimulus.
Nappe di cardinale. — Amarante crête-de-coq.
Noce spinosa. — Datura.
Occhio di diavolo. — Adonide d'été.
Ocimoide. — Valériane.
Orecchie d'orso. — Oreille-d'ours.
Papavero. — Pavot.
Pappagallo. — Amarante tricolore.
Pastricciani. — Pavot Coquelicot.
Perpetuini. — Amarantoïde.
Perpetuini. — Immortelle.
Pianta malanni. — Adonide d'été.
Pisello odoroso. — Pois de senteur.
Pratoline. — Pâquerette.
Puzzole. — Tagète.
Ranuncolo. — Renoncule.
Rapunzia. — Enothère.
Roselline, Ranoncolo. — Renoncule.
Rosolaccio. — Pavot Coquelicot.
Rubiglio. — Pois vivace.
Scapigliate, Streghe. — Nigelle de Damas.
Semprevivi. — Amarantoïde.
Sesamoide minore. — Cupidone.
Sollecione. — Seneçon.
Specchio di Venere. — Campanule miroir de Vénus.
Stramonio. — Datura.
Talco celeste. — Myosotis.
Vainiglia. — Héliotrope.
Vainiglia. — Myosotis.
Vedovine. — Scabieuse.
Viola a ciocche. — Giroflée.
Viola del pensiero. — Pensée.
Viola garofanata. — Œillet.
Viola gialla. — Giroflée jaune.
Viola mammola. — Violette odorante des quatre saisons.
Viola segolina. — Pensée.
Violaciocca. — Giroflée.
Violaciocchino di mare. — Julienne de Mahon.
Violaciocco forastiero. — Julienne des jardins.
Violina della China. — Œillet de Chine.
Violina a mazetti. — Œillet de poète.

SYNONYMES ESPAGNOLS.

Ababol. — Pavot.
Aciano. — Centaurée Bleuet des jardins.
Adormideira. — Pavot Coquelicot.
Aguileña. — Ancolie.
Albahaca. — Basilic.
Aleli. — Giroflée.
Alheli. — Giroflée.
Aliso. — Alysse.
Altramuz. — Lupin.
Amapola. — Pavot Coquelicot.
Ambarilla. — Centaurée musquée.
Arañuela. — Nigelle.
Armuelle. — Arroche.
Balsama amarilla. — Impatiens.
Bellorita. — Pâquerette.
Berza. — Chou.
Caña-Corro. — Balisier.
Capuchinas. — Capucine.
Cardo erizo. — Echinope.
Cariofilata. — Benoîte.
Carraspique. — Thlaspi.
Chitan. — Fraxinelle.
Cinco en rama. — Potentille.
Clavel. — Œillet.
Clavel de muerto. — Tagète.
Clavelon. — Œillet d'Inde.
Clavelon de Indias. — Rose d'Inde.
Colleja. — Lychnis.
Correguela. — Convolvulus.
Dedalera. — Digitale.
Don Diego de dia. — Belle-de-jour.
Don Diego de noche. — Belle-de-nuit.
Dutroa. — Datura.
Escurripa. — Lobelia.
Espuela de caballero. — Pied-d'alouette.
Estatice. — Statice.
Estramonio. — Datura.
Fasoleo. — Haricot.
Girasol. — Soleil.
Gordolobo. — Molène.
Hermosilla. — Trachélie.
Hespero. — Julienne.
Inmortal. — Amarantoïde.
Islera. — Benoîte.
Jabonera. — Saponaire.
Jerenio. — Géranium.
Lagrimas de David. — Larmes de Job.
Lagrimas de Moïses. — Larmes de Job.
Lino. — Lin.
Malva real. — Rose-Trémière.
Mandelina. — Erinus Alpinus.
Manzanilla. — Anthémis.
Maravilla de noche. — Belle-de-nuit.
Margarita. — Reine-Marguerite.
Marimoñas. — Renoncule.
Mastuerzo de Indias. — Capucine.
Maya. — Pâquerette.
Miñoneta. — Réséda.
Nicaragua. — Balsamine.
Ornaballo. — Asclepias.
Pajarilla. — Ancolie.
Pensamiento. — Pensée.
Perpetua. — Amarantoïde.
Perpetua. — Immortelle.
Quiribel. — Hélianthème.
Siempreviva. — Immortelle.
Siempreviva encarnada. — Immortelle annuelle.
Tlaspeos. — Thlaspi.
Trinitaria. — Pensée.
Vellosilla. — Myosotis.
Verdolaga. — Pourpier.
Viniebla. — Cynoglosse.
Viola matronal. — Julienne.
Yerba cana. — Seneçon.
Yerba de la Plata. — Lunaire.
Yerba de San-Pablo. — Primevère.

SYNONYMES PORTUGAIS.

Alfavaca. — Basilic.
Amor perfeito. — Pensée.
Anemola. — Anémone.
Armoles. — Arroche.
Beldroega. — Pourpier.
Boas-noites. — Belle-de-nuit.
Bonina do campo. — Pâquerette.
Bredos. — Blette.
Cabaça. — Courge.
Campainha. — Campanule.
Cardealina. — Lobélie.
Cardo espherico. — Échinope.
Chagas. — Capucine.
Chicharo. — Gesse.
Cizirao. — Gesse.
Congossa. — Pervenche.
Corriola. — Convolvulus.
Craveiro. — Œillet.
Cravinas. — Œillet Mignardise.
Cravino. — Œillet.
Cravo de Paris. — Statice.
Cravoilha. — Benoite.
Dedaleira. — Digitale.
Dormideira. — Pavot.
Dormideira silvestre. — Pavot Coquelicot.
Escovinha. — Centaurée Bleuet des jardins.
Esporas, Esporeira. — Pied-d'alouette.
Estramonio. — Datura.
Feijão. — Haricot.
Girasol. — Soleil.
Goiveiro amarello. — Giroflée jaune.
Goivo. — Giroflée.
Goivo. — Julienne.
Herva benta. — Benoite.
Herva bezerra. — Muflier.
Herva das malacatas. — Balisier.
Herva do ouro. — Hélianthème.
Herva peceguiera. — Persicaire.
Hesperina. — Julienne.
Lagrymas de N. Senhora. — Larmes de Job.
Lingua de cão. — Cynoglosse.
Linho. — Lin.
Liserão. — Convolvulus.
Macella. — Anthémis.
Malmequer. — Souci.
Malmequer da secia. — Reine-Marguerite.
Malmequeres. — Chrysanthème.
Malvaiscão. — Lavatère.
Mamona. — Ricin.
Manjericao. — Basilic.
Maravilha do Peru. — Belle-de-nuit.
Matruço do Peru. — Capucine.
Melindres. — Balsamine.
Morriao. — Anagallis.
Papoila, Papoula. — Pavot.
Perpetua. — Immortelle.
Perpetua larga. — Immortelle annuelle.
Perpetua roxa. — Amarantoïde.
Rinchao. — Erysimum.
Saboeira. — Saponaire.
Salva. — Sauge.
Sanamunda. — Benoite.
Saudade do campo. — Scabieuse.
Tagecia. — Tagète.
Tasneirinha. — Seneçon.
Tornesol. — Héliotrope.
Tremoço. — Lupin.
Urgebão. — Verveine.

CONSIDÉRATIONS

SUR LA

DISPOSITION DES COULEURS

La manière de grouper et d'arranger des fleurs dans un jardin est loin d'être sans importance. Les mêmes plantes, selon qu'elles sont mêlées indistinctement, ou réunies avec goût, peuvent présenter, dans un ca,s un aspect terne et confus, et, dans l'autre, des effets vigoureux et attrayants; au point que l'on a peine à concevoir que des résultats aussi différents puissent être produits par les mêmes éléments. En général, on se préoccupe trop de mêler et d'émailler les couleurs dans les parterres et les plates-bandes. Cette disposition peut être convenable dans les alentours immédiats d'une habitation, et tant que les groupes des plantes sont assez rapprochés de l'œil pour qu'il puisse saisir isolément les détails de chacune des fleurs qui les composent; mais dès que la distance est un peu plus grande, la variété des couleurs, loin de servir, par le contraste, à les faire valoir les unes par les autres, tend, au contraire, à les confondre en une nuance moyenne qui est d'autant plus terne que le contraste des couleurs qui la composent est plus parfait; c'est-à-dire que ces couleurs approchent plus d'être complémentaires les unes des autres (1). On obtient, en général, des effets beaucoup plus beaux et beaucoup plus agréables en réunissant chacune des plantes en un groupe un peu plus étendu que l'on peut combiner, soit avec d'autres groupes voisins, soit avec le fond sur lequel il se détache de manière à le faire valoir autant que possible.

---

(1) On appelle complémentaires deux couleurs dont la réunion contient, en proportions égales, les trois couleurs primitives, *jaune, rouge* et *bleu*. Ce sont en même temps celles qui contrastent le plus agréablement ensemble; ainsi le rouge contraste avec le vert, le bleu avec l'orange, le jaune avec le violet, et réciproquement. Le contraste est d'autant plus parfait que les deux couleurs ne sont pas au même ton; ainsi rouge foncé avec vert pâle, ou vert foncé avec rose; le blanc, qui n'appartient à aucune de ces trois séries, peut s'associer avec toutes les couleurs, mais il contrastera d'autant mieux avec elles qu'elles seront d'une nuance plus franche.

On trouvera de nombreux développements à cette question, et des exemples très-variés de combinaisons d'harmonie et de contrastes de couleurs, dans le remarquable ouvrage de M. Chevreul, intitulé : *De la loi du contraste simultané des couleurs et de ses applications,* 1 vol. avec atlas, publié en 1839.

Ainsi rien n'est plus satisfaisant pour la vue, surtout dans les arrière-plans et les lointains, qu'une corbeille ou un massif composé d'une seule espèce de plantes, ***Verveines***, ***Geranium*** (***Pelargonium***) ***rouge***, ***Petunias***, ***Pourpiers à grandes fleurs***, etc., se dessinant nettement, soit sur la teinte jaunâtre et uniforme d'une allée sablée, soit sur un gazon bien vert et bien uni. Les plantes élevées et à port élancé, comme les ***Passe-roses***, les ***Digitales***, les ***Pieds-d'alouette*** vivaces et annuels, etc., etc., peuvent aussi, sur des plans plus éloignés, produire des effets très-heureux, mais qui seront toujours d'autant mieux caractérisés que l'on aura réuni ensemble plusieurs plantes de même espèce. On doit, pour les mêmes raisons, éviter la réunion, dans le même massif, de plantes de grandeurs et de ports différents, parce qu'elle produit toujours une apparence de confusion désagréable, tandis que leur séparation par grandeur fait qu'elles se présentent toutes également à l'œil, et qu'elles jouissent également des influences de l'air et de la lumière. Enfin l'on doit chercher à combiner les époques de floraison, de manière à ce qu'aucune partie du jardin ne se trouve momentanément dégarnie, et à ce que les plantes dont les couleurs doivent s'harmoniser ensemble, arrivent à fleurir dans le même moment.

P.-S. — On trouvera dans la deuxième partie du livre que nous avons publié sous le titre : « LES FLEURS DE PLEINE TERRE, » des listes de plantes classées d'après la couleur de leurs fleurs ou de leur feuillage ; on trouvera aussi dans la deuxième partie de ce même ouvrage, de très-nombreux exemples d'ornementation de plates-bandes, massifs, corbeilles ou bordures, au moyen du contraste ou de l'harmonie des couleurs.

CRÉATION ET ENTRETIEN DES GAZONS

La création et l'entretien des gazons demandent quelques soins; mais avec des précautions fort simples et un choix d'espèces convenablement appropriées, *on peut avoir de bons gazons dans tous les sols où il a été possible de former des jardins.*

On emploie le plus généralement pour cet usage le *Ray-grass* (Lolium perenne) ou *Gazon anglais*, dans la proportion de 1 kilogramme par are (1). Dans de petites pièces où l'on veut avoir une herbe très-fine et très-tassée, on met jusqu'au double de cette quantité; mais il faut observer que le gazon résiste d'autant moins à la sécheresse qu'il a été semé plus épais (2). Le Ray-grass convient parfaitement dans les terres fraiches ou profondes; il forme certainement le plus beau de tous les gazons, mais à la condition expresse d'être arrosé, tondu et roulé souvent.

Lorsque le terrain est sec, sableux ; que la couche arable a peu d'épaisseur, ou bien que les moyens dont on dispose ne permettent pas l'entretien du Ray-grass anglais, on obtient un gazon fin, bien vert et de longue durée. en semant le *Lawn-grass*, mélange de Graminées à feuilles fines, telles que les Paturins, les Fétuques durette, ovine et à feuilles menues, le Brome des prés, les Agrostis, la Flouve odorante, la Crételle, etc.. qui résistent à la sécheresse, qui peuvent se contenter d'un terrain plus maigre et qui demandent peu de soins.

Le Lawn-grass se sème à raison de 1 kilogramme à 1 kilogramme 500 grammes par are; parfois on en emploie jusqu'à 2 kilogrammes.

Le Ray-grass anglais entre pour une notable partie dans la composition du Lawn-grass. Il est destiné à garnir le terrain promptement; mais comme il disparait au bout de peu de temps, il se trouve remplacé par les autres espèces plus franchement vivaces, qui sont plus lentes à s'installer, mais qui durent beaucoup plus longtemps. — Dans des cas exceptionnels, où le terrain par sa mauvaise nature ou par son exposition l'exige, on peut modifier le Lawn-grass, soit par le changement des proportions des espèces qui le composent, soit par l'addition d'autres espèces qui pourront faire un gazon moins fin, mais vert. Le *Trèfle blanc* soutient bien le gazon dans les terrains secs, et il a de plus une odeur très-agréable; cependant on ne l'emploie guère que lorsque cela est nécessaire et en petite quantité, à cause de ses fleurs et de la nature de son feuillage. Il devra être semé à part et par-dessus les

---

(1) Pour bordure, 1 kilog. de Ray-grass sème de 80 à 100 mètres de longueur.

(2) On ne devra semer très-dru que dans le cas où l'on pourra tondre et rouler très-souvent le gazon, et l'arroser pour ainsi dire continuellement.

autres graines, c'est-à-dire clair en couverture et d'une manière très-uniforme. Dans certains terrains, il a l'inconvénient d'être très-envahissant; mais c'est une des meilleures plantes pour réparer les vides dans les gazons dégarnis et usés et dans les terres fatiguées de Graminées.

Dans le parc de Fontainebleau, on a obtenu de jolis gazons sur du sablon blanc presque pur, au moyen de la Fétuque ovine ou de la Fétuque à feuilles menues et du Paturin des prés, en leur associant le Ray-grass destiné à garnir le terrain la première année, pour disparaître ensuite. Dans quelques cas, on obtient un joli gazon avec le *Paturin des prés* pur. Le *Millefeuille* (*Achillea millefolium*), employé seul, peut aussi former de très-jolis tapis de gazon ras, principalement dans les terrains très-secs et sans arrosements, à la condition de ne point le laisser monter à fleur. Le *Brome des prés* peut aussi former d'assez bons gazons, sur des terrains calcaires, très-secs, où aucune autre herbe ne résisterait. Le *Dactyle pelotonné* pourrait aussi être employé seul dans quelques cas d'aridité exceptionnelle; mais sa teinte vert glauque et sa manière de pousser en grosses touffes au-dessus du sol le fait délaisser. Enfin l'association de la *Crételle des prés*, et de la *Fétuque à feuilles menues* produit dans les terrains secs, mais non arides, et surtout dans les bons terrains, des gazons d'une beauté, d'une finesse et d'une persistance qui devraient faire adopter plus souvent le mélange de ces deux dernières espèces.

On peut obtenir de bons gazons sous bois, quand les arbres sont assez élevés pour permettre à l'air de circuler librement et que le couvert n'est pas complet, c'est-à-dire que leurs têtes ne sont pas trop touffues ou pressées (1). Les espèces à employer, dans ce cas, sont les suivantes :

Paturin des bois (*Poa nemoralis* vel *angustifolia*).
Flouve odorante (*Anthoxanthum odoratum*).
Fétuque à feuille menue (*Festuca tenuifolia*).
— hétérophylle (*Festuca heterophylla*) (2).

Ces deux dernières dans une proportion moindre, à cause de leur tendance à former des touffes isolées. On se trouve bien quelquefois d'ajouter à ces espèces des Agrostis vulgaire et traçant, et, dans les terrains siliceux ou argilo-siliceux en pente, de la Canche flexueuse.

La préparation du terrain consiste dans les labours et hersages nécessaires pour l'ameublir et régulariser sa surface. Il est bon que ces opérations précèdent de quelque temps l'époque du semis, afin que la terre ait eu le temps de se *rasseoir ;* les semis faits dans une terre récemment labourée ou *creuse*, lèvent généralement moins bien ; on peut cependant, le plus souvent, remédier à ces inconvénients par un coup de rouleau préalable, et, dans certaines terres, par des hersages ou ratissages répétés.

Les gazons peuvent se semer à l'automne ou au printemps, et l'on peut prendre d'ordinaire, pour guide du temps propice à cette opération, les époques où il est d'usage de semer les céréales d'automne et de printemps. Pour les grandes pièces, principalement en terrain

(1) Il n'y a pas de gazons possibles sous des taillis non plus que sous les bois d'arbres verts.

(2) Il convient, à cause de la lenteur du premier développement de ces plantes, de leur associer une certaine quantité de Ray-grass, qui garnit le terrain d'abord ; plus tard, il leur cède la place, à mesure qu'elles prennent de la force.

sec, et pour les gazons à l'ombre (en ayant soin d'en enlever les feuilles au fur et à mesure qu'elles tombent), il convient mieux de semer de bonne heure, à la fin de l'été et au commencement de l'automne; pour de petites pièces, en bonne terre, et surtout lorsqu'il est possible d'arroser, on peut semer à presque toutes les époques de l'année. Le semis se fait toujours à la volée et le plus également possible; la graine demande à être légèrement recouverte, et, quand on le peut, terreautée et roulée si le terrain le comporte.

On ne peut pas ordinairement gazonner par semis les talus, les bancs, etc., présentant des pentes trop fortes et que l'eau des arrosements ravinerait en entraînant la graine. On procède, dans ce cas, par la méthode du placage, qui consiste à enlever dans des prairies, ou le long des chemins, des plaques de gazon que l'on ajuste avec soin les unes à côté des autres en les retenant par de petites chevilles de bois; il est important, dans ce cas, de donner de copieux arrosements pour les fixer à la terre (1).

Un gazon une fois établi ne doit pas être négligé. S'il est convenablement soigné, il peut durer indéfiniment; s'il est, au contraire, abandonné à lui-même, il est rare qu'au bout de quelques années, d'un an même, il ne devienne pas nécessaire de le retourner.

Les soins à lui donner consistent :

1° En un premier sarclage au printemps et un second au commencement de l'automne, pour enlever les herbes à racines pivotantes ou à larges feuilles, comme Oseille, Plantain, Luzerne, etc., etc., qui peuvent provenir du terrain ou y avoir été importées par les fumiers ;

2° A faucher assez souvent pour qu'aucune plante ne puisse porter graine, et qu'elle n'ait pas même le temps de développer des chaumes fertiles;

3° A rouler et à arroser après chaque coupe;

4° A fumer ou à terreauter de temps en temps selon la richesse du sol, soit avec du fumier long que l'on étend à l'automne, et dont on ratèle la paille longue au printemps avant la pousse de l'herbe, soit avec des cendres (2) ou du guano (3). Un terreautage avec du terreau de couche est, de tous ces moyens, celui qui convient le mieux dans des terres un peu fortes. En général, il suffit de répéter cette opération tous les deux ou trois ans.

Quand un gazon devient vieux et que la mousse commence à l'envahir, il est nécessaire, à l'automne, quand la température est devenue tout à fait humide, de le rateler vigoureusement à plusieurs reprises avec des rateaux à dents de fer, de manière à enlever la mousse aussi complétement que possible; l'herbe, quoique couchée, et en apparence à demi déracinée par cette opération, n'en souffre pas en réalité. On peut parfaitement alors re-

(1) On peut cependant arriver à gazonner par semis des pentes de peu d'étendue, surtout en opérant à l'automne, en mélangeant les graines avec de la terre, de l'argile ou de la bouse de vache; on fait du tout une espèce de mortier assez épais, qu'on étend uniformément, et sans retard, en couche très-mince, sur la partie qu'on veut gazonner. Si le temps est humide, on peut en espérer un bon résultat; en cas de sécheresse, on devra donner des bassinages ou des arrosements légers et répétés, toujours après le coucher ou avant le lever du soleil; toutefois il faut dire que ce procédé est rarement usité, parce qu'i présente de nombreux inconvénients. On pourrait encore semer en pépinière en été des Graminées qu'on repiquerait à l'automne au plantoir sur les parties qu'on voudrait gazonner; mais on comprend que ce procédé est long et assez dispendieux.

(2) Deux décalitres par are, si elles sont neuves; trois à trois et demi, si elles sont lessivées.

(3) Trois kilogrammes par are.

garnir le gazon, en répandant de la graine dans les places où la mousse avait détruit ou trop éclairci l'herbe. On emploiera, dans ce cas, des plantes plus résistantes pour les points où les clairières ont été formées par l'ombrage de grands arbres ou la sécheresse partielle du sol. Il faut, autant que possible, terreauter par-dessus la graine les places ainsi traitées, si l'on n'est pas à même de le faire pour toute la pièce. On peut presque toujours ainsi, par des ressemis partiels, arriver à rétablir parfaitement de grandes pièces de gazon qu'il eût été désagréable et coûteux de retourner complétement. Ces opérations doivent se faire de bonne heure si l'on veut ressemer des graines, c'est-à-dire aussitôt que la terre est trempée à fond pour ne plus être exposée à souffrir de la sécheresse. S'il ne s'agit que d'enlever la mousse ou de fumer ou terreauter, on peut opérer en octobre, novembre et décembre. Quant aux petites pièces situées tout près des habitations, le meilleur moyen de les avoir toujours parfaitement fraîches et garnies est de les labourer et de les ressemer tous les ans, s'il y a lieu.

On a conseillé l'emploi du guano ou du sel pour la destruction de la mousse. Les arrosements aux engrais liquides (purins, tourteaux, matières fécales, etc., étendus d'eau), produisent parfois les mêmes résultats, et dans tous les cas ils ravivent toujours les gazons. Des terres prises dans la campagne à la superficie des champs, aux bords des routes, des cours d'eau, les vases provenant du curage des fossés, rivières, etc., préalablement mûries à l'air et répandues à l'automne ou au premier printemps en couches minces sur les gazons dégarnis ou usés, produisent toujours un bon effet.

Dans le cas où une terre est fatiguée de nourrir du gazon, au point de ne plus pouvoir y en obtenir, malgré les engrais et les amendements, le mieux, après l'avoir copieusement fumée et labourée, est de l'assoler et de la laisser reposer en y cultivant pendant un an ou deux des plantes sarclées, Pommes de terre, Betteraves, Haricots ou autres légumes, après quoi le gazon peut revenir et y réussir parfaitement. Si on ne voulait pas cultiver lesdites plantes ou laisser la terre nue, ce qui est toujours fort désagréable à la vue, il n'y aurait qu'à changer la terre, en enlevant l'ancienne qu'on remplacerait par de la nouvelle ; on comprend que ce dernier procédé, très-coûteux, ne peut être pratiqué que sur une petite échelle.

La Luzerne a été quelquefois employée sur des falaises assez arides, sur des pentes et des dunes, dans des jardins aux bords de la mer, où elle a assez bien réussi et fourni une verdure garnissant suffisamment le sol et s'y maintenant assez fraîche pour faire passer sur le manque de finesse. Dans ce cas il faut semer assez serré et de préférence en lignes disposées de façon à couper perpendiculairement les pentes et les points de vue, et à masquer par la perspective le vide des interlignes. On fauche fréquemment pour empêcher les plantes de trop grandir, à moins qu'on ne préfère utiliser et traiter la plante comme fourrage.

TABLE DES MATIÈRES

Paris. — Imprimerie Félix Malteste et Cie, rue des Deux-Portes-Saint-Sauveur, 22.

www.ingramcontent.com/pod-product-compliance
Ingram Content Group UK Ltd.
Pitfield, Milton Keynes, MK11 3LW, UK
UKHW021824190726
13853UKWH00003B/1173